土木工程是一个历史悠久、生命力强、投入巨大、对国民经济具有拉动作用、专业覆盖面和行业涉及面极广的一级学科和大型综合性产业，为它编一套集新颖性、实用性和科学性为一体的“简明系列专辑”，既是社会的召唤和需求，也是我们的责任和义务。

新颖性——反映新标准、新规程、新规范、新理论、新技术、新材料、新工艺、新方法

实用性——深入浅出，让人一看就懂，一懂能用，不是手册，胜似手册

科学性——编写内容均有出处

——摘自《简明土木工程系列专辑》总序

Simplified Series of Civil Engineering

清华大学土木工程系组编

丛书主编 崔京浩

黄东升 编著

简明土木工程系列专辑

剪力墙结构的分析与设计

中国水利水电出版社
www.waterpub.com.cn
知识产权出版社
www.cnipr.com

内容提要

本书系“简明土木工程系列专辑”中的一本，系统介绍了剪力墙结构的分析与设计方法，内容包括：剪力墙结构设计的一般要求；整体墙与小开口整体墙、联肢墙以及短肢剪力墙的近似分析方法；剪力墙的截面设计与构造要求以及延性剪力墙的设计等。其中，详细介绍了求解联肢墙的连续连接介质方法，给出了标准水平荷载作用下的解答和联肢墙的抗侧移刚度系数；对短肢剪力墙的最小肢高厚比、水平荷载下的破坏形态、非线性特性和动力特性等也进行了比较详细的论述。

本书叙述简明扼要，着重阐明基本概念和对规范的理解，分析方法只介绍剪力墙的近似解析解，以便读者掌握剪力墙的基本特性和分析方法，为进一步从事剪力墙结构的设计与研究打下必要的基础。

本书可作为高等院校土木工程专业高年级本科生、研究生的教学用书，也可作为从事建筑结构设计、研究的工程技术人员的参考用书。

选题策划：阳　淼　张宝林　E-mail：yangsanshui@vip. sina. com；z _ baolin@263. net
责任编辑：阳　淼　张宝林
文字编辑：彭天赦　兰国钰

图书在版编目（CIP）数据

剪力墙结构的分析与设计/黄东升编著. —北京：中国水利水电出版社：知识产权出版社，2006（2008重印）
（简明土木工程系列专辑/崔京浩主编）
ISBN 978-7-5084-3483-4

Ⅰ. 剪…　Ⅱ. 黄…　Ⅲ. ①剪力墙结构—结构分析②剪力墙结构—结构设计　Ⅳ. TU398

中国版本图书馆CIP数据核字（2005）第151493号

简明土木工程系列专辑
剪力墙结构的分析与设计
黄东升　编著
中国水利水电出版社
知识产权出版社　出版 发行（北京市西城区三里河路6号；电话：010-68331835　68357319
北京市海淀区马甸南村1号；电话：010-82005070）
北京科水图书销售中心（零售）　电话：（010）88383994、63202643
全国各地新华书店和相关出版物销售网点经销
北京市兴怀印刷厂印刷
850mm×1168mm　32开　5.875印张　158千字
2006年1月第1版　2008年1月第2次印刷
印数：4001—7000册
定价：**14.00**元
ISBN 978-7-5084-3483-4

清华大学土木工程系组编

简明土木工程系列专辑

总 序

国务院学位委员会在学科简介中为土木工程所下的定义是："土木工程（Civil Engineering）是建造各类工程设施的科学技术的统称。它既指工程建设的对象，即建造在地上、地下、水中的各种工程设施，也指所应用的材料、设备和所进行的勘测、设计、施工、保养、维修等专业技术"。土木工程是一个专业覆盖面极广的一级学科。

英语中"Civil"一词的意义是民间的和民用的。"Civil Engineering"一词最初是对应于军事工程（Military Engineering）而诞生的，它是指除了服务于战争设施以外的一切为了生活和生产所需要的民用工程设施的总称，后来这个界定就不那么明确了。按照学科划分，地下防护工程、航天发射塔架等设施也都属于土木工程的范畴。

土木工程是国家的基础产业和支柱产业，是开发和吸纳我国劳动力资源的一个重要平台，由于它投入大、带动的行业多，对国民经济的消长具有举足轻重的作用。改革开放后，我国国民经济持续高涨，土建行业的贡献率达到 1/3；近年来，我国固定资产的投入接近甚至超过 GDP 总量的 50%，其中绝大多数都与土建行业有关。随着城市化的发展，这一趋势还将继续呈现增长的势头。

相对于机械工程等传统学科而言，土木工程诞生得更早，其发展及演变历史更为古老。同时，它又是一个生命力极强的学科，它强大的生命力源于人类生活乃至生存对它的依赖，甚至可以毫不夸张地说，只要有人类存在，土木工程就有着强大的社会需求和广阔的发展空间。

随着技术的进步和时代的发展，土木工程不断注入新鲜血液，呈现出勃勃生机。其中工程材料的变革和力学理论的发展起着最为重要的推动作用。现代土木工程早已不是传统意义上的砖瓦灰砂石，而是由新理论、新技术、新材料、新工艺、新方法武装起来的为众多领域和行业不可或缺的大型综合性学科，一个古老而又年轻的学科。

综上所述，土木工程是一个历史悠久、生命力强、投入巨大、对国民经济具有拉动作用、专业覆盖面和行业涉及面极广的一级学科和大型综合性产业，为它编写一套集新颖性、实用性和科学性为一体的“简明系列专辑”，既是社会的召唤和需求，也是我们的责任和义务。

清华大学土木工程系是清华大学建校后成立最早的科系之一，历史悠久，实力也比较雄厚，有较强的社会影响和较广泛的社会联系，组编一套“简明土木工程系列专辑”，既是应尽的责任也是一份贡献，但面对土木工程这样一个覆盖面极广的一级学科，我们组编实际起两个作用：其一是组织工作，组织广大兄弟院校及设计施工部门的专家和学者们编写；其二是保证质量的作用，我们有一个较为完善的专家库，必要时请专家审阅、定稿。

简明土木工程系列专辑包括以下几层含义：简明，就是避免不必要的理论证明和繁琐的公式推导，采用简洁明快的表述方法，图文并茂，深入浅出，浅显易懂；系列，指不是一本书而是一套书，这套书力争囊括土木工程涵盖的各个次级学科和专业；专辑，就是以某个特定内容编辑成册的图书，每本书的内容可以是某种结构的分析与计算，某个设计施工方法，一种安装工艺流程，某种监测判定手段，一个特定的行业标准等等，均可独立成册。

这套丛书不称其为“手册”而命名为“系列专辑”，原因之一是一些特定专题不易用手册的方法编写；原因之二是传统的手册往往“大而全”，书厚且涉及的技术领域多，而任何一个工程技术人员在某一个阶段所从事的具体工作又是针对性很强的，将几个专业甚至一个项目的某个阶段集中在一本“大而全”的手册势必造成携带、查阅上的不方便，加之图书的成本过高，编写人员臃肿，组织协调困难，出书及再版周期过长，以致很难反映现代技术飞速发展、标准规范规程更新速度太快的现实。考虑到这些弊端，这套系列专辑采用小开本，在选题上尽量划分得细一些，视专业、行业、工种甚至流程的不同，能独立成册的绝不合二为一，每本书原则上只讨论一个专题，根据专题的性质和特点有的书名仍冠以“手册”两字。

这套系列专辑的编写严格贯彻“新颖性、实用性、科学性”三大原则。

新颖性，就是充分反映有关新标准、新规程、新规范、新理论、新技术、新材料、新工艺、新方法，老的、过时的、已退出市场的一律不要。体现强劲的时代风貌。

实用性，就是避免不必要的说理和冗长的论述，尽可能从实用的角度用简洁的语言以及数据、表格、曲线图形来表述；深入浅出，让人一看就懂，一懂能用；不是手册，胜似手册。

科学性，就是编写内容均有出处，参考文献除国家标准、行业标准、地方标准必须列出以外，尚包括引用的论文、专著、手册及教科书。

这套系列专辑的读者对象是比较宽泛的，它包括大专院校师生，土木工程领域的管理、设计、施工人员，以及具有一定阅读能力的建筑工人。它既可作为土建技术人员随身携带及时查阅的手册，又可选作大专院校、高职高专的教材及专题性教辅材料。

崔京浩

2005 年 10 月于清华园

崔京浩，男，山东淄博人。1960 年清华大学土建系毕业，1964 年清华大学结构力学研究生毕业，1986～1988 年赴挪威皇家科学技术委员会做博士后，从事围岩应力分析的研究。先后发表论文 150 多篇，编著专业书 4 本，参加并组织编写巨著《中国土木工程指南》，任编辑办公室主任，并为该书撰写绪论；主持编写由清华大学土木工程系组编的“土木工程新技术丛书”和“简明土木工程系列专辑”，并任主编。曾任清华大学土木系副系主任，现为中国力学学会理事，《工程力学》学报主编，享受国务院特殊津贴。

前言

剪力墙结构是常见的高层建筑结构形式，在高层建筑结构，尤其是在住宅结构和旅馆建筑结构中，得到了广泛的应用。事实上，高层建筑中的筒体也可以看成是由剪力墙组成的箱形结构。可见，了解剪力墙结构的基本性能，掌握其分析与设计方法，是从事高层建筑结构设计、分析的基础。

本书系统介绍了剪力墙结构的分析与设计方法，内容包括：剪力墙结构设计的一般要求；整体墙与小开口整体墙、联肢墙以及短肢剪力墙的近似分析方法；剪力墙的截面设计与构造要求以及延性剪力墙的设计等。其中，详细介绍了求解联肢墙的连续连接介质方法，给出了标准水平荷载作用下的解答。为了研究联肢剪力墙和短肢剪力墙的动力特性，本书应用连续连接介质方法，推导了联肢墙的抗侧移刚度系数。

短肢剪力墙是我国工程技术人员近年来提出的一种新型的抗侧力构件，在高层住宅结构中得到了日益广泛的应用，建设部已将其列为一种新型的住宅体系加以推广。我国《高层建筑混凝土结构技术规程》(JGJ 3—2002) 规定，短肢剪力墙是指墙肢截面的高度与厚度之比为 5～8 的剪力墙。但由于缺少研究，对短肢剪力墙，仅在其布置、抗震等级以及轴压比等方面比普通剪力墙采取了更严格的限制，而对短肢剪力墙的计算模型、适用高度以及构造措施等没有作明确的说明。这些限制的合理性还有待于进一步分析验证。由于这种结构出现较晚，对它的研究不多，故目前工程界对短肢剪力墙的力学特性、抗震性能以及设计方法还缺乏一致的看法。这已经造成了短肢剪力墙结构设计的混乱，许多高层住宅结构由于开洞过大，使得剪力墙墙肢过短，连梁高度过大，剪力墙实际上被设计成了扁柱，给结构的安全性和经济性造成了不利影响。因此，明确短肢剪力墙的定义，并对其力学性能、破坏形态、动力特性、抗震性能以及设计方法等进行系统的研究，形成一套完整的设计理论，是建筑工程设计中急需解决的课题。有鉴于此，本书依据程文瀼教授和作者本人的研究成果，对短肢剪力墙的最小肢高厚比、水平荷载下的破坏形态、非线性特性和动力特性等给予了比较详细的论述。

本书依据现行设计规范，力求反应国内外学者在剪力墙结构分析与设计方面比较成熟的方法与最新成果，有些内容是第一次发表。叙述简明扼要，着重阐明基本概念和对规范的理解，分析方法只介绍剪力墙的近似解析解，以便读者掌握剪力墙的基本特性和分析方法，为进一步从事剪力墙结构的设计与研究打下必要的基础。

感谢程文瀼教授在百忙中仔细审阅了书稿全文，提出了许多宝贵的、建设性的建议，这对提高本书的质量是非常有益的。感谢东南大学博士研究生彭飞在短肢剪力墙的理论分析与试验研究方面给作者的无私帮助；感谢东南大学混凝土及预应力混凝土教育部重点实验室的王燕华工程师、张蓓工程师，她们在短肢剪力墙试验研究方面付出了许多艰辛的劳动；感谢东南大学建筑设计研究院王剑飞高级工程师提供了部分资料。感谢丛书主编崔京浩教授、编辑办公室主任阳淼女士的大力帮助。

黄东升

2007 年 10 月

目 录

第1章　剪力墙结构设计概论

剪力墙结构是指纵横向主要承重构件全部为结构墙的结构。当墙体处于建筑物中合适的位置时，它们能形成一种有效抵抗水平作用的结构体系，同时，又能起到对空间的分割作用。结构墙的高度一般与整个房间的高度相等，自基础直至屋顶，高达几十米或一百多米；其宽度则视建筑平面布置而定，一般为几米至十几米；相对而言，它的厚度则很薄，一般仅200～300mm，最小可达160mm。因此，结构墙在其墙身平面内的抗侧移刚度很大，而其墙身平面外的刚度却很小，一般可忽略不计。所以，建筑物上大部分的水平作用或水平剪力通常被分配到结构墙上，这也是剪力墙名称的由来。事实上，剪力墙更确切的名称应该是结构墙。国外有些文献已称之为结构墙，[1]本书仍按照我国工程界的习惯，称之为剪力墙。

1976年建成的广州白云宾馆，是我国第一座高度超过100m的高层建筑。[2]主楼平面为70m×18m的矩形，地上33层，地下1层，地面上总高度为112.45m，其结构体系就是钢筋混凝土剪力墙结构体系，见图1.1。

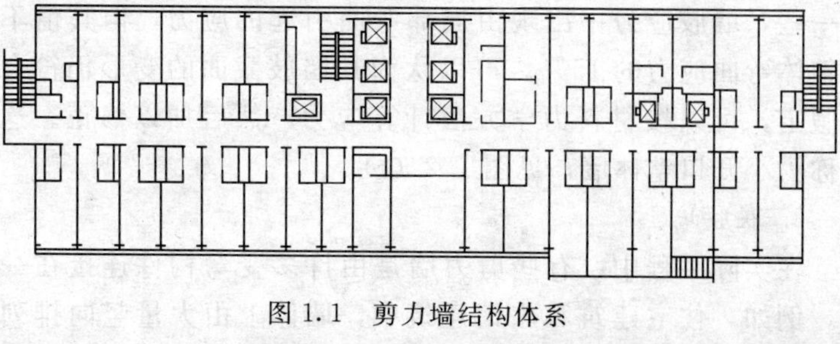

图1.1　剪力墙结构体系

近年来，由于住宅需求的增加和用于建造住宅的土地供应紧张，高层住宅的建造成为众多开发商的首选，推动了剪力墙结构日益广泛的应用。有些不超过30层（高度在100m以下）、开间也不大（一般都在3.3～4.5m之间）的住宅，剪力墙的竖向荷载和水平荷载都不太大，因而剪力墙墙肢的截面高度可以做得比较小。针对这类建筑，我国工程设计人员提出了所谓的短肢剪力墙结构体系[3]。目前，建设部已将其作为一种新型住宅结构体系加以推广。

第1节 剪力墙结构的形式与布置

1.1 剪力墙结构的形式

单片剪力墙可根据其本身开洞率对其受力特性的影响分为若干类型。[4~6]

1. 无洞单肢剪力墙

剪力墙的立面上没有任何洞口。这种墙实际上是一竖向悬臂构件，在水平荷载作用下，弯曲变形符合平截面假定，墙肢截面的正应力为直线分布，见图1.2（*a*）。其内力和变形的计算可应用材料力学方法进行。

2. 整体墙和小开口整体墙

墙面上只有很小的洞口，可以忽略其影响。这种类型的剪力墙实际上仍然是一个悬臂构件，其横截面的变形符合平面假定，正应力为直线分布，见图1.2（*b*），称为整体墙。当开洞稍大一些，墙肢应力中出现由局部弯曲引起的应力，但其值不超过整体弯曲应力的15%。可以认为其墙肢截面的变形仍符合平面假定，可以按材料力学方法计算应力，然后加以修正。这种墙称为小开口整体墙，见图1.2（*c*）。

3. 联肢墙

在实际工程中，有些剪力墙是由许多受弯构件连接在一起的。例如，住宅建筑和旅馆建筑中，墙体上由大量竖向排列的洞口，在外墙上，这些洞口一般是窗口，而在建筑的内部，这些洞口大部分是门或走道。在设计中，这些洞口将一片整墙分开为由连梁或楼板连接的墙肢，就形成了所谓的联肢墙。

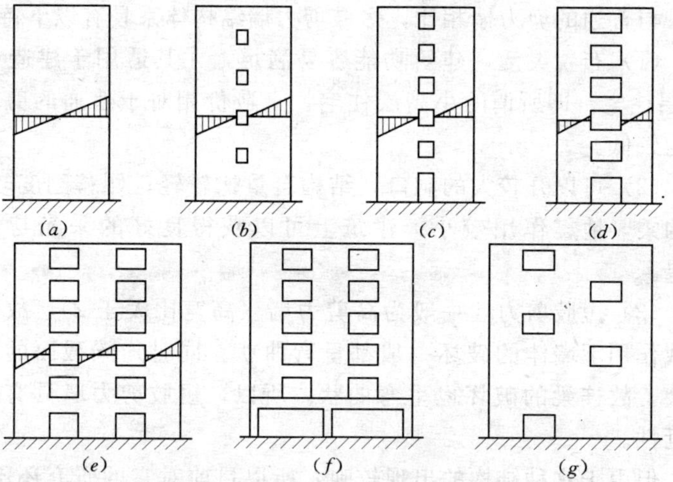

图 1.2　剪力墙的分类

（*a*）无洞单肢墙；（*b*）整体墙；（*c*）小开口整体墙；（*d*）双肢墙；（*e*）多肢墙；（*f*）框支剪力墙；（*g*）开有不规则大洞的剪力墙

一般地，开有一排或数排较大洞口的剪力墙，其截面整体性已经破坏，水平荷载作用下正应力的分布较直线规律有较大的差别。但墙肢的线刚度比同列两孔间所形成的连梁的线刚度大得多，每根连梁中部都有反弯点，而墙肢仅在少数楼层出现反弯点。即在水平荷载作用下，所有的连梁都呈现双曲率弯曲形态，而大部分的墙肢都呈现单曲率弯曲形态，墙肢变形仍以弯曲变形为主。这种剪力墙可视为由连梁把墙肢连接起来的结构，故称之为联肢墙。若只开有一列洞口，称为双肢墙；开有两列及以上的，称为多肢墙，见图 1.2（*d*）、（*e*）。

4. 短肢剪力墙

钢筋混凝土短肢剪力墙是近年来在我国兴起的一种新型的抗侧力构件，它既保留了异形柱不凸出墙面的优点，又克服了异形柱抗震性能不理想等缺点（目前，有些地方规程将异形柱框架结构限制在 7 度设防以下，且高度不高于 7 层的建筑）。

与普通的剪力墙相比，短肢剪力墙结构体系具有以下特点：

(1) 布置灵活，建筑功能容易满足，尤其适用于建造11～20层住宅，即所谓的小高层住宅，且造价相对于普通的剪力墙结构较低。

(2) 可以开较大的洞口，结构自重比较轻；侧移刚度较小、结构柔，地震作用较小；建筑上可以获得良好的采光与通风效果。

(3) 短肢剪力墙一般为高剪力墙（高宽比大于2），故水平荷载作用下墙体的破坏一般都呈弯曲状。同时连梁截面的跨高比大，故连梁的破坏也呈弯曲状。所以，短肢剪力墙具有较大的延性。[7]

但由于这种结构的出现较晚，所以目前对它的研究还不多。由文献检索知，国外还没有关于短肢剪力墙的文献和工程报道，国内发表的文献也不多。

我国《高层建筑混凝土结构技术规程》（JGJ 3—2002）规定，短肢剪力墙是指墙肢截面的高度与厚度之比为5～8的剪力墙。但由于缺少研究，对短肢剪力墙，仅在其布置、抗震等级以及轴压比控制等方面比普通剪力墙采取了更严格的限制。而对短肢剪力墙的计算模型、适用高度、构造措施等没有作明确的说明。因此，对短肢剪力墙结构的力学性能、破坏形态、抗震性能以及设计方法等进行系统的研究，形成一套完整的设计方法，是建筑工程设计中急需解决的课题。

本书根据程文瀼教授和作者自己的研究成果，将短肢剪力墙定义为一种界限情况下的联肢墙。[8～10] 由于建设部已明确将短肢剪力墙结构体系作为一种新型的住宅结构体系加以推广，故本书将其单独列为一种，并将在第4章给予比较详细的阐述。

5. 框支剪力墙

当底层需要大空间，采用框架结构支承上部剪力墙时，称为框支剪力墙，见图 1.2（f），也可以称为柱支剪力墙。框架柱可以用常截面和变截面，也可以采用斜柱和 V 形柱。底部框架可以是单层的或多层的，视建筑使用上的需要和结构的要求而定。

6. 开有不规则洞口的剪力墙

图 1.2（g）为开有不规则洞口的剪力墙。开设不规则的较大洞口仅是由于建筑使用上的要求，在结构上往往会产生一些不利的影响，故宜尽量避免采用。当无法避免时，亦宜采用一些结构措施，以消除或降低不利因素的影响。例如，开设一些不需要开设的洞口；使剪力墙的开洞变为规则或接近规则，如有需要则用刚度小的材料填塞这些本来不需开设的洞口；在剪力墙中设置连续性较强的暗柱暗梁，以降低不规则开洞带来较大应力集中的不利影响等。

本书只讨论前 4 种剪力墙结构。

1.2　剪力墙结构的布置

1.2.1　高度和高宽比的控制

剪力墙结构大多应用于高层建筑结构，而高层建筑中，侧向位移的控制是结构设计的主要矛盾。此外，随着高度的增加，水平荷载作用下的倾覆力矩迅速增加。高层建筑设计中，一般通过控制结构的高宽比（即建筑的高度 H 与宽度 B 之比）来控制结构不产生过大的侧向位移和倾覆力矩。《高层建筑混凝土结构技术规程》将钢筋混凝土高层建筑的最大适用高度和高宽比分为 A 级和 B 级，A 级高度的钢筋混凝土乙类和丙类高层建筑的最大适用高度应满足表 1.1 的规定，具有较多短肢剪力墙的剪力墙结构的最大适用高度应适当降低，且 7 度和 8 度抗震设计时，分别不应大于 100m 和 60m；高度超过表 1.1 规定的框架-剪力墙、剪力墙和筒体结构高层建筑，为 B 级高度高层建筑，B 级高度的钢筋混凝土乙类和丙类高层建筑的最大适用高度应满足表 1.2 的要求。

表 1.1　A 级高度钢筋混凝土高层建筑的最大适用高度　单位：m

结构体系		非抗震设计	抗震设防烈度			
			6 度	7 度	8 度	9 度
框架		70	60	55	45	25
框架-剪力墙		140	130	120	100	50
剪力墙	全部落地剪力墙	150	140	120	100	60
	部分框支剪力墙	130	120	100	80	不应采用
筒 体	框架-核心筒	160	150	130	100	70
	筒中筒	200	180	150	120	80
板柱-剪力墙		70	40	35	30	不应采用

表 1.2　B 级高度钢筋混凝土高层建筑的最大适用高度　单位：m

结构体系		非抗震设计	抗震设防烈度		
			6 度	7 度	8 度
框架-剪力墙		170	160	140	120
剪力墙	全部落地剪力墙	180	170	150	130
	部分框支剪力墙	150	140	120	100
筒体	框架-核心筒	220	210	180	140
	筒中筒	300	280	230	170

表 1.1 和表 1.2 中，房屋的高度是指室外地面至主要屋面的高度，不包括局部突出屋面的电梯机房、水箱、构架等高度；表中的框架结构不包括异形柱框架结构；部分框支剪力墙结构是指地面以上有部分框支剪力墙的结构；平面或竖向均不规则的结构或Ⅳ类场地上的结构，最大高度应适当降低；A 级高度的甲类建筑，6、7、8 度抗震设计时，宜按本地区抗震设防烈度提高一度后符合表 1.1 的要求，9 度时应做专门研究；B 级高度的甲类建筑，6、7 度时，宜按本地区抗震设防烈度提高一度后符合表 1.2 的要求，8 度时应做专门研究；9 度抗震设防、房屋

高度超过表1.1或房屋高度超过表1.2的要求时，结构设计应有可靠依据，并采取有效措施。

高层建筑的高宽比限制，是对结构刚度、整体稳定、承载能力和经济合理性的宏观控制。A级高度钢筋混凝土高层建筑结构的高宽比不宜超过表1.3的要求，B级高度的钢筋混凝土高层建筑结构的高宽比不宜超过表1.4的要求。

表1.3　A级高度高层建筑结构的高宽比限值

结构体系	非抗震设计	抗震设防烈度		
		6、7度	8度	9度
框架、板柱-剪力墙	5	4	3	2
框架-剪力墙	5	5	4	3
剪力墙	6	6	5	4
筒中筒	6	6	5	4

表1.4　B级高度高层建筑结构的高宽比限值

非抗震设计	抗震设防烈度	
	6、7度	8度
8	7	6

1.2.2 平面布置

剪力墙结构的平面布置，宜使一个独立的结构单元内平面形状简单规则，刚度和承载力分布均匀。不应采用严重不规则的平面。高层建筑宜选用风作用效应较小的平面形状，如圆形、正多边形等。有抗震设防要求的高层建筑，一个结构单元的长度（相对其宽度）不宜过长，否则在地震作用时，结构的两端可能会出现反相位的振动，这将会导致过早地破坏。

剪力墙结构的平面布置还应满足《高层建筑混凝土结构技术规程》对高层结构的长度以及结构突出部分的长度的有关规定：抗震设计的A级高度钢筋混凝土高层建筑，其平面长度L、突出部分长度l宜满足表1.5的要求，见图1.3。抗震设计的B

级高度钢筋混凝土高层、混合结构高层以及复杂高层建筑结构，其平面布置应简单、规则，减少偏心。结构平面布置应减少扭转的影响。在考虑地震作用产生的偶然偏心影响下，楼层竖向构件的最大水平位移和层间位移，A 级高度的高层建筑不宜大于该楼层平均值的 1.2 倍，不应大于该楼层平均值的 1.5 倍；B 级高度的高层、混合结构高层以及复杂高层建筑，不宜大于该楼层平均值的 1.2 倍，不应大于该楼层平均值的 1.4 倍。第一个以扭转为主的振型周期与该结构的第一振型周期之比，A 级高度的高层建筑不大于 0.9；B 级高度的高层建筑、混合结构高层建筑以及复杂高层建筑不大于 0.85，这一规定是为了保证结构的抗扭刚度不能太小。

表 1.5　L、l 的限制

设防烈度	L/B	l/B_{max}	l/b
6、7 度	≤6.0	≤0.35	≤2.0
8、9 度	≤5.0	≤0.30	≤1.5

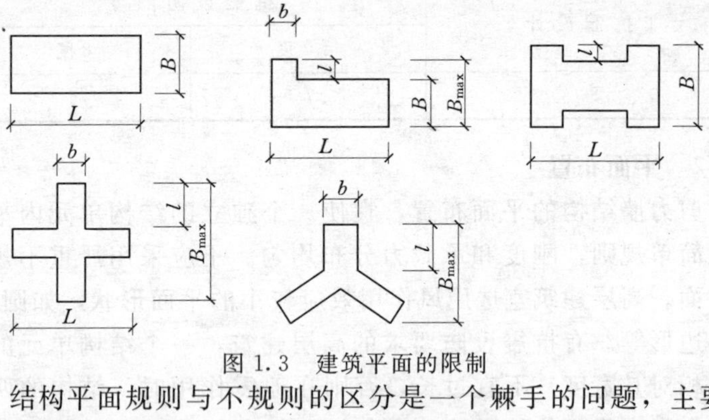

图 1.3　建筑平面的限制

结构平面规则与不规则的区分是一个棘手的问题，主要依赖于工程师的经验。一个有良好素养的结构工程师，应对所设计结构的抗震性能有正确的估计，要能够区分不规则、特别不规则和严重不规则的差别，避免采用抗震性能差的严重不规则的设计方案。我国《建筑抗震设计规范》（GB 50011—2001）对不规则结构给出了一些定量的描述（见表 1.6），可供参考。

表 1.6　　平面不规则的类型

不规则类型	定　　义
扭转不规则	楼层的最大弹性水平位移（或层间位移）大于该楼层两端弹性水平位移（或层间位移）平均值的 1.2 倍
凹凸不规则	结构平面凹进的一侧尺寸大于相应投影方向总尺寸的 30%
楼板局部不连续	楼板的尺寸和平面刚度急剧变化，例如，有效楼板宽度小于该层楼板典型宽度的 50%，或开洞面积大于该层楼面积的 30%，或较大的楼层错层

偶然偏心是指由于施工、使用或地面运动的扭转分量等因素所引起的偏心。采用底部剪力法或仅计算单向地震作用时应考虑偶然偏心的影响。可以将每层的质心沿主轴的同一方向偏移 $0.05L_i$（L_i 为建筑物垂直于地震作用方向的总长度），来考虑偶然偏心。当计算双向地震作用时，可不考虑偶然偏心的影响。

一般情况下，剪力墙应沿建筑物的主轴方向均匀布置。以承受纵横两个方向的水平作用和扭转作用。在地震区，还要避免结构纵横向侧移刚度相差悬殊、自振周期相差很远的情况。典型的剪力墙结构体系布置，按其体型分有板式与塔式两种，见图 1.4。

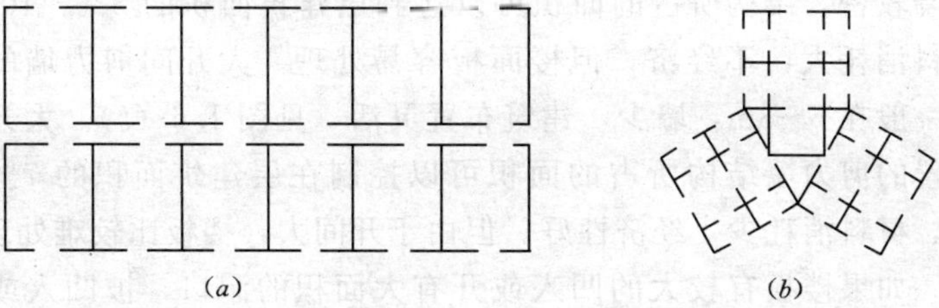

图 1.4　典型剪力墙结构平面
(a) 板式布置；(b) 塔式布置

板式体型的建筑平面长宽比较大，在横向可布置多道剪力墙，在纵向一般是两道外墙，一道或两道内墙。为了使外墙的建筑风格丰富多样，也可取消承重外纵墙，仅保留一道内纵墙，称为鱼骨式剪力墙结构。为了使结构在两个方向的刚度相差不要太大，鱼骨式布置的剪力墙有时在两端布置适当的纵向剪力墙，如图 1.5 所示。

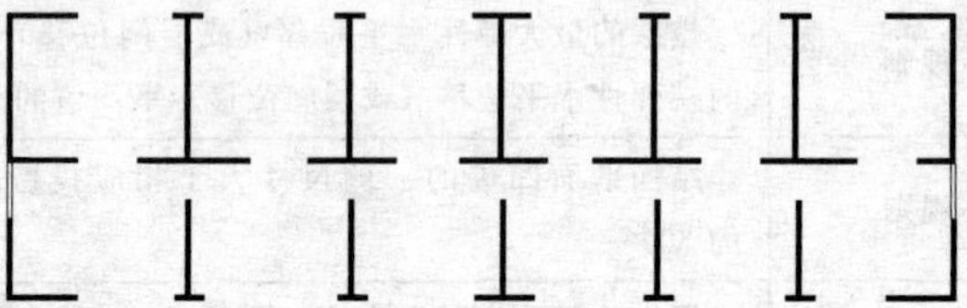

图 1.5 鱼骨式布置的剪力墙

塔式体型的建筑平面两个方向尺寸较为接近，剪力墙在两个方向的结构抗侧移刚度较为接近，因此，在地震区的高层建筑中，塔式布置优于板式布置。

剪力墙的抗侧移刚度和承载能力均较大，为了充分利用剪力墙的这一特性，减轻结构自重，增大剪力墙结构的可利用空间，墙不宜布置得太密。在有效控制结构侧移的前提下，应使结构的侧向刚度尽可能小，这对减小结构的地震作用、节约工程投资是有利的。一般情况下，剪力墙结构可根据墙的间距大小分为小开间剪力墙和大开间剪力墙两种类型。小开间剪力墙的横墙间距一般在 2.7～4m 之间，见图 1.6 (*a*)。这种体系的剪力墙较密，结构所占的面积可以达到层建筑面积的 8%～10%，材料消耗大，不经济，但楼面板容易处理。大开间剪力墙的间距一般在 6～8m，墙少，建筑布置灵活，见图 1.6 (*b*)。大开间布置的剪力墙结构所占的面积可以控制在层建筑面积的 7%以内。材料消耗少，经济性好。但由于开间大，楼板比较难处理。

如果楼板有较大的凹入或开有大面积的洞口，被凹入或洞口划分开的各部分之间的连接较为薄弱，在地震中容易相对振动而产生震害。所以要对平面布置中的凹入和开洞加以限制。这些限制措施有：楼面开洞或凹入尺寸不宜大于楼面宽度的 1/2；楼板开洞的总面积不宜大于楼面面积的 30%；在扣除凹入或开洞后，楼板在任一方向的净宽度不宜小于 5m，且开洞后，每一边楼板净宽度不应小于 2m，见图 1.7。

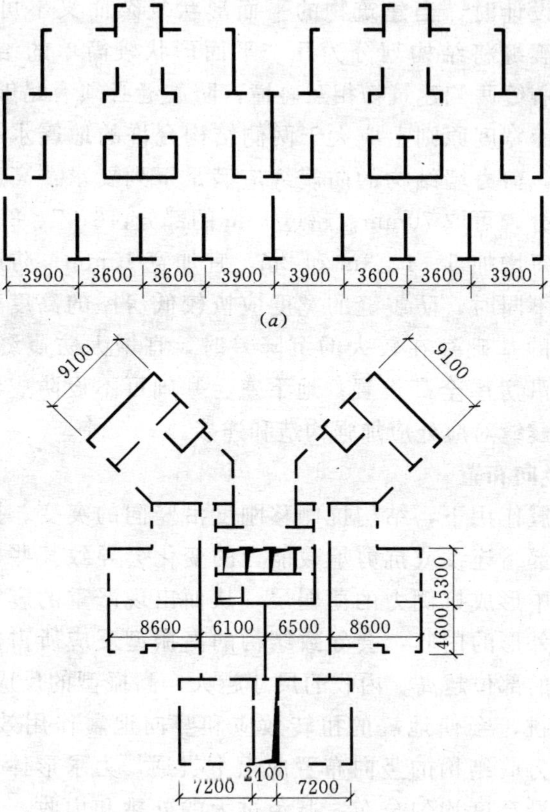

图 1.6　剪力墙布置实例

(*a*) 小开间布置；(*b*) 大开间布置

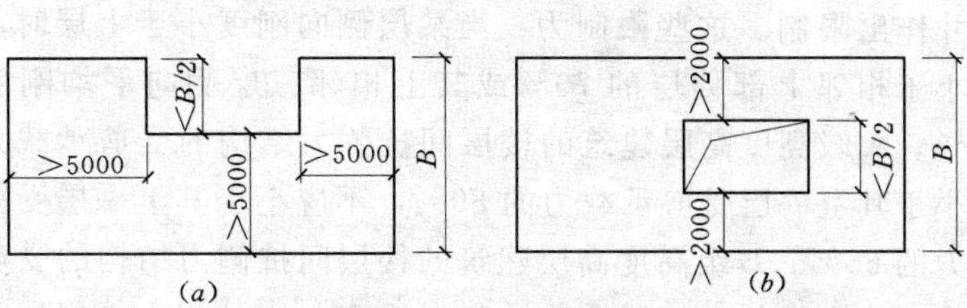

图 1.7　平面凹入和开洞的尺寸限制

(*a*) 凹入尺寸限制；(*b*) 开洞尺寸限制

抗震设计时，当建筑物的平面形状复杂而又不可避免时，宜设置防震缝将结构划分为几个平面形状较简单的结构单元。为防止防震缝两侧建筑物相互碰撞，防震缝必须有足够的宽度，防震缝的净宽度原则上应大于两侧结构允许的地震水平位移之和。为此，剪力墙结构的防震缝应满足下列要求：高度不超过15m的部分，可取70mm；超过15m的部分，6、7、8度和9度相应高度每增加5、4、3m和2m，宜加宽10mm。防震缝两侧建筑高度不同时，防震缝的宽度应按较低房屋的高度确定；当相邻结构的基础存在较大的沉降差时，宜增大防震缝的宽度；防震缝宜沿房屋全高设置；地下室、基础可不设防震缝，但在与上部防震缝对应处应加强构造和连接。

1.2.3 竖向布置

在地震作用下，结构抗侧移刚度沿竖向的突变、抗侧力构件的上下部不连续或抗剪承载能力的变化会导致某些楼层的变形过分集中形成抗侧力的薄弱层，从而出现严重的震害甚至倒塌；结构外形的内收，会导致结构的高振型反应所占的比例加大，内收的部位越高、内收的尺寸越大，高振型的反应越明显；结构的外挑，会使地震的扭转效应和竖向地震作用效应加大。因此，剪力墙结构的竖向布置应上下贯通，力求形体规则、刚度和强度沿高度均匀分布，避免过大的外挑和内收，避免错层和局部夹层，同一层的楼面应尽量设在同一标高处。对于不能满足上述要求的结构，应对其上下刚度的变化、内收或外挑的尺寸作出限制。这些限制为：当某层侧向刚度小于上层时，不宜小于相邻上部楼层的70%或其上相邻三层侧向平均刚度的80%。A级高度高层建筑的楼层间抗侧力结构的受剪承载力不宜小于其上一层受剪承载力的80%，不应小于其上一层受剪承载力的65%；B级高度高层建筑的楼层间抗侧力结构的受剪承载力不应小于其上一层受剪承载力的75%。这里，楼层层间抗侧力结构受剪承载能力是指所考虑的水平作用方向上，该楼层全部柱和剪力墙的受剪承载能力之和。抗震设计时，结构竖向抗侧力构件宜上下贯通，当结构上部楼层收进部位到室外地面的高度 H_1 与房屋高度 H 之比大于0.2时，上部楼层收进后的水平尺寸 B_1 不宜小于下部楼层水平尺寸 B 的0.75倍；当上部结构楼层相对于下部楼层外挑时，下部楼层的水平尺寸 B 不宜小于上部楼层水平尺寸 B_1 的0.9倍，且水平外挑尺寸 a 不宜大于4m，见图1.8。

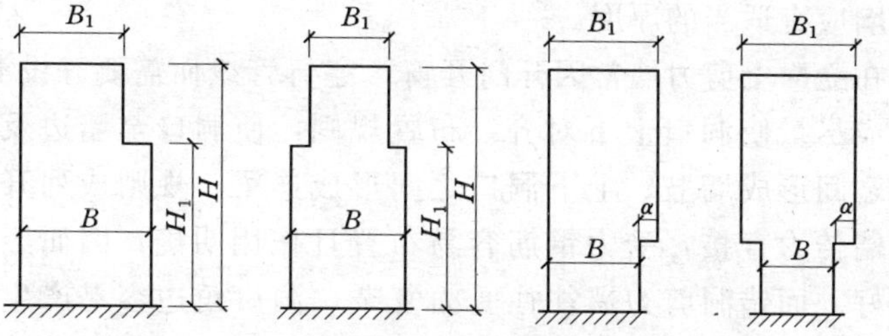

图1.8　建筑立面的限制

对于上下刚度不连续的结构，如带转换层的剪力墙结构，应按有关专门的设计规程设计。关于竖向结构的不规则性的定量描述可参见表1.7。

表1.7　竖向不规则的类型

不规则类型	定　义
侧向刚度不规则	该楼层的侧向刚度小于相邻上一层的70%，或小于其上相邻三个楼层侧向刚度平均值的80%；除顶层外，局部收进的水平向尺寸大于相邻下一层的25%
竖向抗侧力构件不连续	竖向抗侧力构件（柱、抗震墙、抗震支撑）的内力由水平转换构件（梁、桁架等）向下传递
楼层承载力突变	抗侧力结构的层间受剪承载力小于相邻上一层的80%

剪力墙布置时还要注意单片剪力墙的长度不宜过大。一方面，由于剪力墙的长度大，会导致结构刚度迅速增大，使结构自振周期过短，地震作用力加大；另一方面，低而宽的剪力墙墙肢易发生脆性的剪切破坏，使结构的延性降低，对结构抗震不利。因此，当同一轴线上的连续剪力墙过长时，也可采用设

置施工洞或结构竖缝的方法，将整片的剪力墙划分为有若干段墙肢组成的联肢剪力墙，以降低结构的侧移刚度，减小水平地震作用，同时也可以增加结构的延性。

为了防止剪力墙在竖向荷载作用下发生整体失稳破坏，楼（屋）盖对它的支撑约束作用是必不可少的；为了防止剪力墙在楼层之间发生平面外失稳破坏和保证墙体混凝土的浇筑质量，剪力墙应有适当的厚度。

在立面上剪力墙常因开门开窗，穿行管线而需要开设洞口，这时应尽量使洞口上下对齐，布置规则，使洞口至墙边及相邻洞口之间形成墙肢、上下洞口之间形成连梁。规则成列开洞的剪力墙传力直接，受力钢筋容易布置且作用明确，因而经济指标较好。而错洞剪力墙往往受力复杂，洞口角边容易产生明显的应力集中，地震中容易发生震害，钢筋作用得不到充分发挥。

第 2 节　剪力墙结构布置的技巧

剪力墙是承受竖向荷载、水平地震作用和风荷载的主要受力构件，所以剪力墙应沿结构的主要轴线方向布置，以便形成整体性较好的空间结构。一般当建筑平面为矩形、T 形、L 形、I 形和槽形时，应沿纵横两个方向布置剪力墙，当建筑平面为三角形、Y 形时，可沿三个方向布置剪力墙，见图 1.6（*b*）。抗震设计的剪力墙结构，应避免仅单向有墙的布置形式，且剪力墙的布置要对称均匀，以减少水平地震作用下的扭转效应。当不能对称布置时，应尽可能使结构的刚度中心和质量中心接近，以减小因地震作用所产生的扭矩。剪力墙墙肢截面宜简单、规则。一般可将剪力墙墙肢设计成单片、T 形、L 形、I 形、槽形等，尽量不要使用 Z 形或其他形状复杂的墙肢截面形式，图 1.9 为几种常见的剪力墙墙肢截面形式。

要尽量把墙肢设计成带翼缘的构件，见图 1.9（*b*）～（*g*）。这样既可以满足与墙体相交的梁的锚固要求，又可以防止墙的侧向压屈。当剪力墙进入弹塑性受力阶段时，这些带翼缘的构件还可以对塑性铰区的混凝土形成约束，增加结构的延性。

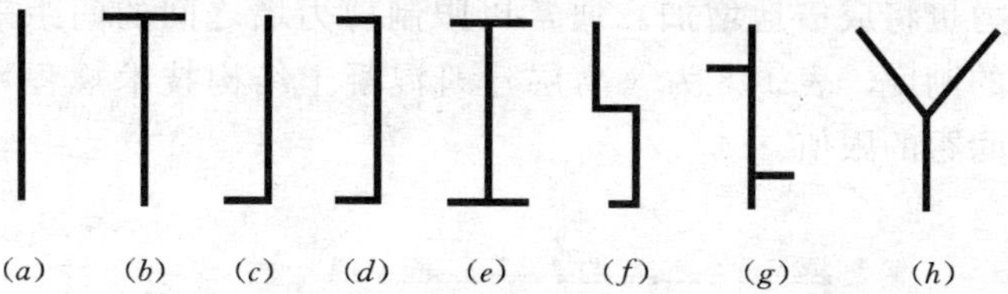

图 1.9　常见墙肢截面形式

剪力墙的抗侧移刚度不宜过大。为此，应限制墙肢截面的高度，因为剪力墙结构的抗侧移刚度主要取决于剪力墙的抗弯刚度。顶点位移和层间位移都会随剪力墙的抗弯刚度的增大而减小，这对控制结构的变形是有利的。但是，抗侧移刚度的增加会导致地震作用的增大，对抗震不利。所以，剪力墙结构设计中，在满足承载能力和变形的前提下，应尽可能少设剪力墙或将较长的墙肢用洞口分割成较短的墙肢，以减小剪力墙的抗侧移刚度。图 1.10 为东南大学江宁校区 D1 型住宅的标准层平面，采用两种结构方案，分别见图 1.10 (*a*)、(*b*)。两种方案在结构的纵向完全相同，而在横向，方案 1 在一些较长的墙肢上开了一排洞口，有效减小了结构在该方向的抗侧移刚度，分析表明，方案 1 的地震作用比方案 2 小，具有较好的经济技术指标。

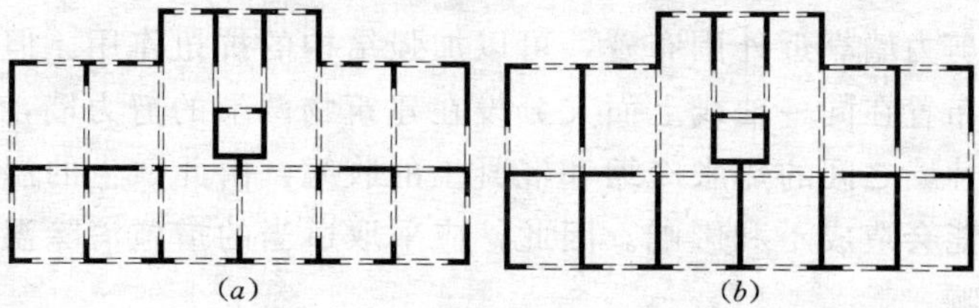

图 1.10　不同的剪力墙布置比较

(*a*) 方案 1；(*b*) 方案 2

在两片剪力墙（或两个筒体）之间布置框架时，楼盖必须有足够的平面内刚度，才能将水平剪力传递到两端的剪力墙上去，发挥剪力墙为主要抗侧力构件的作用。否则楼盖在水平力作用下将产生弯曲变形，见图 1.11，导致框架侧移增大，框架的剪力也将成倍地增加。通常以限制剪力墙之间的间距来保证楼盖的刚度。表 1.8 为《高层建筑混凝土结构技术规程》对剪力墙间距的限值。

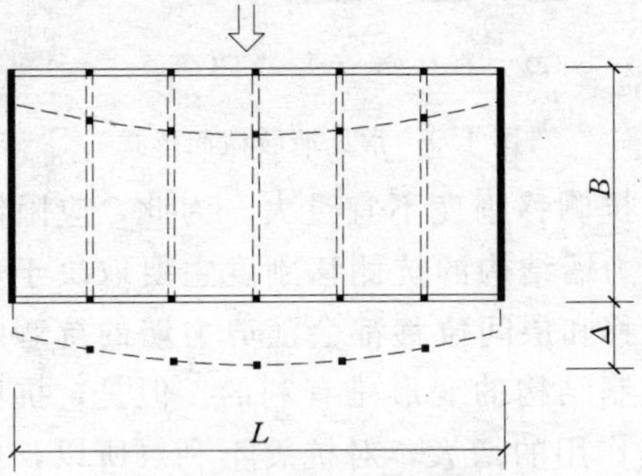

图 1.11 剪力墙间距

表 1.8 **剪力墙间距 L**

楼盖形式	非抗震	抗震设防烈度		
		6、7 度	8 度	9 度
现浇	≤5.0*B*	≤4.0*B*	≤3.0*B*	≤2.0*B*
装配整体	≤3.5*B*	≤3.0*B*	≤2.5*B*	

剪力墙靠近外围布置，可以加强结构的抗扭作用。但应注意：布置在同一轴线上而又分设在建筑物两端的剪力墙，会限制两片墙之间的热胀冷缩和混凝土的收缩，由此产生的温度应力可能会造成不利影响。因此，应采取适当的措施消除温度应力影响。

剪力墙的特点是平面内刚度和承载力大，而平面外的刚度和承载力小。当剪力墙与平面外方向的梁连接时，会造成墙肢平面弯矩，而一般情况下在设计中并不验算墙体平面外的刚度和承载力。事实上，梁端弯矩会引起墙体裂缝，对其受力造成不利影响，特别是梁截面高度大于 2 倍墙厚时，这种影响尤为突出。为控制墙体平面外的弯矩，可采取下列措施之一：

（1）沿梁轴线方向设置与梁相连的剪力墙，以抵抗墙肢平面外弯矩。

（2）当建筑上不允许沿梁的轴线方向设置剪力墙时，可在墙与梁相交处设置壁柱，壁柱宜按计算确定截面及配筋。

（3）当不能设置壁柱时，应在墙与梁相交处设置暗柱，并按计算确定暗柱的配筋。

（4）必要时，可在墙与梁相交处的剪力墙内设型钢，以抵抗墙肢平面外弯矩。

第 3 节　剪力墙结构计算中的几个问题

3.1　结构分析的基本假定

建筑结构是一个复杂的空间结构。各种竖向构件或抗侧力构件通过楼板连系在一起，形成了一个由多种结构形式组合在一起的高次超静定结构体系。虽然现代有限元分析方法可以模拟任意复杂形体的结构，也可以考虑结构构件各种受力与变形，如楼板的平面弯曲、剪力墙的平面外刚度等，但由于其分析问题的自由度数太多，需要耗费太多的机时，实际应用中很不方便。因此，有必要依据结构本身的工作形态作一些基本假定。这些假定如下：

（1）弹性工作状态假定，即结构的内力和位移按弹性方法进行计算。非抗震设计时，在竖向和水平作用下，结构应保持正常使用状态，处于弹性工作阶段；抗震设计时，结构计算是对多遇的小震进行的，此时结构仍处于弹性工作阶段。因为是弹性计算，叠加原理可以适用，不同荷载作用的效应可以通过内力组合得到。至于罕遇地震作用下的第二阶段验算，结构均已进入弹塑性阶段，现行《建筑抗震设计规范》要求进行弹塑性变形分析。但弹性性能是结构的基本性能，是结构设计的依据。弹塑性变形分析只能是对结构变形能力、耗能能力以及抗倒塌能力评价的参考。根据弹塑性变形分析的结果，通过对结构适当的调整，再进行弹性分析或修正，最后得到满意设计结果。

(2) 楼盖结构在其自身平面内的刚度为无限大，而在平面外的刚度很小，可忽略不计。这一假定可将结构计算中的位移未知量大大减少。因为楼盖结构在其自身平面内的刚度为无限大，即在结构受力以后，楼盖结构在水平平面内没有相对变形，而仅发生刚体位移。这样，在某一楼盖结构标高处各片剪力墙的侧向水平位移都可由楼盖作刚体运动的条件来确定。

但必须指出，当平面楼板比较狭长、有较大的凹入或开洞而使楼板有较大的削弱时，楼板在水平荷载的作用下，可能会产生较大的面内变形。这时，上述假定可能会导致较大的误差，宜采用考虑楼板变形影响的计算方法，并在构造上采取适当的加强措施。

(3) 各片剪力墙或框架主要在其自身平面内发挥作用，在其平面外的刚度很小，可忽略不计。这一假定意味着在进行剪力墙或框架结构分析时，可将纵向结构与横向结构分别考虑，亦即可将实际为空间工作的结构，简化为平面结构来处理。在横向水平分力的作用下，可只考虑横向结构作用而略去纵向结构的作用；在纵向水平分力的作用下，可只考虑纵向结构起作用而忽略横向结构的作用。这样就使计算大为简化。

当然，对于剪力墙结构，其纵横两向墙的交接面上位移必须连续，在侧向荷载作用下，纵墙与横墙是共同工作的。因此在计算横墙受力时，可以把纵墙的一部分作为横墙的翼缘考虑；而在计算纵墙受力时，把横墙的一部分作为纵墙的翼缘考虑。现浇剪力墙有效翼缘宽度 b_f 可按表 1.9 所列各项中最小值取用。装配整体式剪力墙的有效翼缘宽度宜将表中数值适当折减后取用。表 1.9 中的 b_w 为剪力墙厚度，其他有关符号的意义见图 1.12。

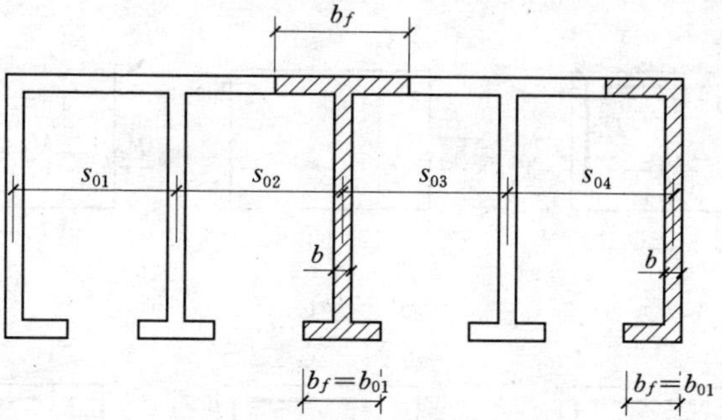

图 1.12　剪力墙的有效翼缘宽度

表 1.9　　剪力墙的有效翼缘宽度 b_f

考虑方式	截面形式	
	T（或 I）形截面	L 形截面
按剪力墙的间距 s_0 考虑	$b_w+\frac{s_{01}}{2}+\frac{s_{02}}{2}$	$b_w+\frac{s_{03}}{2}$
按翼缘厚度 h_f 考虑	b_w+12h_f	b_w+6h_f
按窗间墙宽度考虑	b_{01}	b_{02}
按剪力墙总高度 H 考虑	$0.15H$	$0.15H$

3.2　侧向荷载在各片剪力墙之间的分配

设一平面为矩形的剪力墙结构见图 1.13（a）。剪力墙为正交布置，沿 y 方向布置的剪力墙有 m 片，其刚度为 EI_{xi}（$i=1, 2, \cdots, m$），沿 x 方向布置的剪力墙有 n 片，其刚度为 EI_{xj}（$j=1, 2, \cdots, n$）。定义抗侧移刚度中心位置为 C。所谓抗侧移刚度中心，是指当侧向外荷载通过该点时，楼盖结构在自身平面内仅产生平移而无转动。在许多实际工程中，剪力墙的布置沿竖向是不变的，各片剪力墙刚度沿竖向也是不变的或是按某一比例变化的。这时，各楼层的抗侧移刚度中心 C 的位置处于同一铅垂线上。

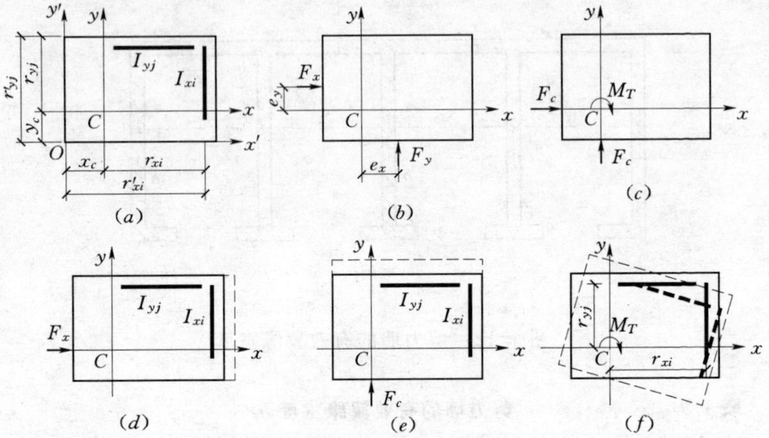

图 1.13　楼盖的刚体位移

对于任一参考点坐标系 $x'Oy'$，抗侧移刚度中心 C 的坐标为[11]

$$x_c = \frac{\sum_{i=1}^{m} EI_{xi} r'_{xi}}{\sum_{i=1}^{m} EI_{xi}} \tag{1.1}$$

$$y_c = \frac{\sum_{j=1}^{m} EI_{yj} r'_{yj}}{\sum_{j=1}^{n} EI_{yj}} \tag{1.2}$$

式中：r'_{xi}、r'_{yi}分别为 y 方向剪力墙与 x 方向剪力墙至参考坐标系原点 O 的距离，见图 1.13（a）。

设结构受到某侧向力 F 的作用，则 F 可以分解成平行于结构平面轴线的两个分力 F_x、F_y，见图 1.13（b），这两个分力又可等效为通过抗侧移刚度中心的力 F_{xc}、F_{yc} 及扭矩 M_T，见图 1.13（c）。若假定 F_x、F_y 的正向与坐标方向一致，扭矩的正向为顺时针方向，F_x、F_y 至抗侧移刚度中心的距离分别为 e_x、e_y，则由图 1.13（b）、（c）可得

$$F_{xc} = F_x \tag{1.3}$$

$$F_{yc} = F_y \tag{1.4}$$

$$M_T = F_x e_y - F_y e_x \tag{1.5}$$

欲求侧向力 F 在各片剪力墙之间的分配，可先求出 F_{xc}、F_{yc}、M_T 单独作用下各片剪力墙所受的作用，然后进行叠加。

当仅有 F_{xc} 单独作用时，根据假定（1），楼面结构仅有沿 x 方向的平移 u_x，见图1.13（d）；根据假定（2），这时，仅有 x 方向的剪力墙参加工作，y 方向的剪力墙作用可忽略不计。设每片剪力墙所受的剪力为 V_{xj1}，则由力的平衡条件，有

$$\sum_{j=1}^{n} V_{xj1} = F_{xc} \tag{1.6}$$

对于每一片 x 方向的剪力墙，位移 u_x 与剪力墙截面所受的弯矩之间有以下关系：

$$\frac{d^2 u_x}{dz^2} = \frac{M_{xj1}}{EI_{yj}} \tag{1.7}$$

对高度 z 求导，有

$$\frac{d^3 u_x}{dz^3} = \frac{-V_{xj1}}{EI_{yj}} \tag{1.8}$$

$$V_{xj1} = -EI_{yj} \frac{d^3 u_x}{dz^3} \tag{1.9}$$

将式（1.9）代入式（1.6），得

$$-\frac{d^3 u_x}{dz^3} \sum_{j=1}^{n} EI_{yj} = F_{xc} \tag{1.10}$$

即

$$\frac{d^3 u_x}{dz^3} = -\frac{F_{xc}}{\sum_{j=1}^{n} EI_{yj}} \tag{1.11}$$

将上式代回式（1.8），得

$$V_{xj1} = \frac{EI_{yj}}{\sum_{j=1}^{n} EI_{yj}} F_{xc} \tag{1.12}$$

同理，当仅有 F_{yc} 单独作用时，楼面仅有沿 y 方向的平移 u_y，见图1.12（e），这时，仅有 y 方向的剪力墙参加工作，x 方向

的剪力墙内力可以忽略不计。设每片剪力墙所受的剪力为 V_{yi1}，则可得

$$V_{xj1} = \frac{EI_{xi}}{\sum_{i=1}^{m} EI_{xi}} F_{xc} \tag{1.13}$$

当仅有 M_T 作用时，由假定（1），楼面将发生绕抗侧移刚度中心 C 的转动，见图 1.13（f），这时，x 方向和 y 方向的剪力墙都将受力。设转角为 θ，θ 方向与 M_T 相同，以顺时针方向为正，则第 j 片 x 方向剪力墙的位移为

$$u_{xj} = r_{yj}\theta \tag{1.14}$$

第 i 片 y 方向剪力墙的位移为

$$u_{yi} = r_{xi}\theta \tag{1.15}$$

设在扭矩 M_T 作用下，x 方向和 y 方向的剪力墙所受的剪力分别为 V_{xj2}、V_{yi2}，式（1.14）、式（1.15）代入式（1.8），可得

$$V_{xj2} = -EI_{yj} r_{yj} \frac{\mathrm{d}^3\theta}{\mathrm{d}z^3} \tag{1.16}$$

$$V_{yi2} = -EI_{xi} r_{xi} \frac{\mathrm{d}^3\theta}{\mathrm{d}z^3} \tag{1.17}$$

由结构平面内的扭矩平衡条件得

$$M_T = -\sum_{i=1}^{m} V_{yi2} r_{xi} + \sum_{j=1}^{n} V_{xj2} r_{yj} \tag{1.18}$$

将式（1.16）、式（1.17）代入式（1.18），可得到转角与扭矩之间的关系式如下：

$$\frac{\mathrm{d}^3\theta}{\mathrm{d}z^3} = -\frac{M_T}{\sum_{i=1}^{m} EI_{xi} r_{xi}^2 + \sum_{j=1}^{n} EI_{yj} r_{yj}^2} \tag{1.19}$$

将上式代回式（1.16）、式（1.17）可得在扭矩 M_T 的单独作用下，剪力墙内的剪力为

$$V_{xj2} = \frac{EI_{yj} r_{yj}}{\sum_{i=1}^{m} EI_{xi} r_{xi}^2 + \sum_{j=1}^{n} EI_{yj} r_{yj}^2} M_T \tag{1.20}$$

$$V_{yi2}=-\frac{EI_{xi}r_{xi}}{\sum_{i=1}^{m}EI_{xi}r_{xi}^{2}+\sum_{j=1}^{n}EI_{yj}r_{yj}^{2}}M_{T} \tag{1.21}$$

故在侧向荷载 F 作用下，剪力墙内的总剪力为

$$V_{xj}=V_{xj1}+V_{xj2} \tag{1.22}$$

$$V_{yi}=V_{yi1}+V_{yi2} \tag{1.23}$$

3.3　水平位移的限值和舒适度要求

结构水平位移的限值包括两方面，一方面是结构顶点侧向位移的限值，另一方面是层间相对位移的限值。限制顶点的侧向位移目的之一是为了防止竖向荷载产生过大的二阶矩，既所谓的 P-Δ 效应。当这种效应过大时，会导致结构的倾覆。限制结构的层间位移主要是基于以下的考虑：

（1）保证主体结构基本处于弹性工作状态，避免混凝土墙或柱出现裂缝，同时，将混凝土梁等楼面构件的裂缝数量、宽度和高度限制在允许的范围内。

（2）保证填充墙、隔墙和幕墙等非结构构件的破坏，防止管道系统的损坏。因此，《高层建筑混凝土结构技术规程》规定：高度不大于150m的高层建筑，其楼层层间最大水平侧移与层高之比 $\Delta u/h$ 不宜大于表1.10中规定的限值；高度大于或等于250m的高层建筑，其楼层层间最大水平侧移与层高之比 $\Delta u/h$ 不宜大于1/500；高度在150～250m之间的高层建筑，其楼层层间最大水平侧移与层高之比 $\Delta u/h$ 的限值取表1.10中的相应值与1/500之间的线性插值。

表1.10　楼层层间最大水平侧移与层高之比 $\Delta u/h$ 的限值

结构类型	$\Delta u/h$ 限值
框架	1/550
框架-剪力墙、框架-核心筒、板柱-剪力墙	1/800
筒中筒、剪力墙	1/1000
框支层	1/1000

剪力墙结构的设计还要满足高层建筑中人的舒适度要求。高层建筑在风荷载的作用下将产生振动，过大的振动加速度会使楼内的居住者感到不舒服，甚至不能忍受。人对风振加速度的感觉程度见表1.11。所以，《高层建筑混凝土结构技术规程》规定：150m以上的高层建筑，按现行国家标准《建筑结构荷载规范》（GB 50009）规定的十年一遇的风荷载取值计算的顺风向与横风向结构顶点最大加速度α_{max}不应超过表1.11的限值。必要时，可通过风洞试验结果计算确定顺风向与横风向结构顶点最大加速度α_{max}，且不应超过表1.11的限值。

表1.11　结构顶点最大加速度限值α_{max}

使用功能	α_{max} (m/s^2)
住宅、公寓	0.15
办公、旅馆	0.25

3.4 连梁的影响

对于开洞剪力墙，连梁对其受力特性的影响明显。在水平荷载作用下，弯矩在墙肢、连梁之间的分配取决于梁和墙肢的相对刚度。若连梁弱而墙肢强，梁对墙肢的约束作用小，各墙肢如同独立工作的悬臂构件，此时外荷载产生的弯矩基本上由墙肢独立承担，连梁中的弯矩很小，结构的变形为弯曲型；若连梁强而墙肢弱，则梁对墙肢的约束作用强，水平荷载作用下，墙肢在与连梁的连接处转角很小，墙肢的变形表现为每层之间的双曲率弯曲，各层墙肢都有反弯点，结构的总体侧移表现为剪切型。事实上，这种结构的受力特性已接近框架，由于其梁与墙肢交接处的刚域较普通框架大，故称之为壁式框架。当连梁和墙肢的相对刚度处于上述两种情况之间时，水平荷载作用下，连梁的剪力会在墙肢中引起较大的轴力，这种轴力自上而下逐层累加。同时，连梁的约束也会导致墙肢的双曲率弯曲。这两种效应叠加的结果是，在剪力墙的底部数层表现为弯曲型变形，而在上部表现为剪切型变形。结构总体侧移表现为弯剪型，侧移曲线存在反弯点。这个反弯点的高低反映了连梁的墙肢的约束程度以及梁和墙肢的相对强弱，这一点将在第4章详细讨论。

连梁的强度对开洞剪力墙的弹塑性性能也有很大的影响。设计中，应合理选择连梁和墙肢之间的强度关系，以保证梁的屈服先于墙肢的屈服。试验表明，当其他条件完全相同时，随着连梁强度的增加，剪力墙的位移延性减小，破坏荷载增加。

第 2 章　整体墙与小开口整体墙的计算

第 1 节　整体墙的计算

一般认为，整体墙应满足以下两个条件：[4]

（1）剪力墙面门窗的开孔面积不超过墙面面积的 15%。

（2）开孔之间的净距及孔洞至墙边的净距大于孔洞长边尺寸（见图 2.1）。

研究表明，整体墙的计算可以忽略洞口的影响，认为平面假定仍然适用，截面应力的计算可以按照材料力学公式进行，计算位移时，可将整体墙视为一悬臂构件，但要考虑洞口对截面面积及刚度的削弱。有效截面面积及刚度的削弱，按下列公式计算：[4]

$$A_q = \gamma_0 A \tag{2.1}$$

$$\gamma_0 = 1 - 1.25\sqrt{A_d / A_0} \tag{2.2}$$

式中：A 为无洞口时剪力墙截面面积；A_d 为剪力墙洞口总立面面积；A_0 为剪力墙立面总墙面面积。

等效惯性矩 I_q 取有洞与无洞截面惯性矩沿竖向的加权平均值（见图 2.1）。

$$I_q = \frac{\sum I_j h_j}{\sum h_j} \tag{2.3}$$

式中：I_j 为剪力墙沿竖向各段的惯性矩，有洞口时扣除洞口的影响；h_j 为各段相应的高度。

在计算位移时，由于墙肢截面比较长，应考虑剪切变形的影响。整体墙在水平荷载作用下的顶点侧移可按下列公式计算（见图 2.2）：

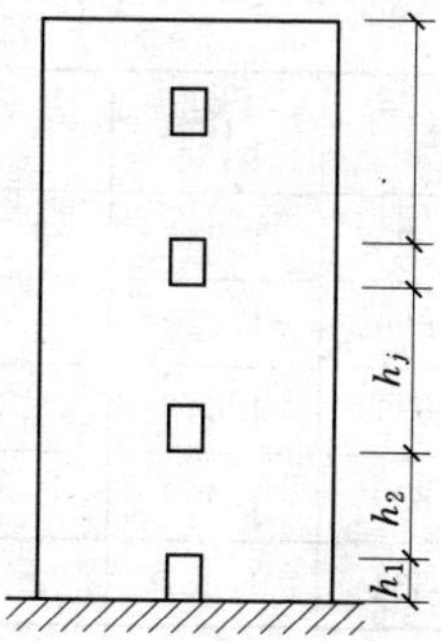

图 2.1　整体墙

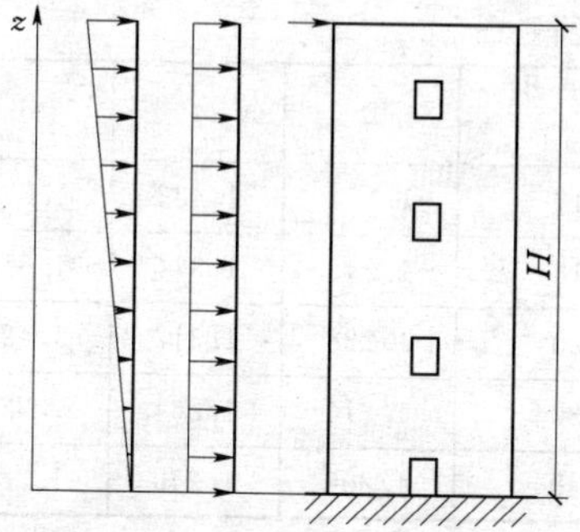

图 2.2　三种常用水平荷载

倒三角形分布的水平荷载作用时，有

$$\Delta=\frac{11V_0H^3}{60EI_q}\left(1+\frac{3.64\mu EI_q}{H^2GA_q}\right) \tag{2.4}$$

均布水平荷载作用时，有

$$\Delta=\frac{V_0H^3}{8EI_q}\left(1+\frac{4\mu EI_q}{H^2GA_q}\right) \tag{2.5}$$

顶点作用一水平集中荷载时，有

$$\Delta=\frac{V_0H^3}{3EI_q}\left(1+\frac{3\mu EI_q}{H^2GA_q}\right) \tag{2.6}$$

式中：Δ 为剪力墙的顶点侧移；V_0 为剪力墙的底部剪力，即全部水平外力之和；E 为弹性模量；G 为剪切模量；μ 为剪应力不均匀系数，矩形截面 $\mu=1.2$，I 形截面 $\mu=$ 截面全面积/腹板面积，T 形截面见表 2.1。

表 2.1　T 形截面剪应力不均匀系数 μ

H/t \ B/t	2	4	6	8	10	12
2	1.383	1.496	1.521	1.511	1.483	1.445
4	1.441	1.876	2.287	2.682	3.061	3.424
6	1.362	1.097	2.033	2.367	2.698	3.026
8	1.313	1.572	1.838	2.106	2.374	2.641
10	1.283	1.489	1.707	1.927	2.148	2.370

续表

H/t \ B/t	2	4	6	8	10	12
12	1.264	1.432	1.614	1.800	1.988	2.178
15	1.245	1.374	1.519	1.669	1.820	1.973
20	1.228	1.317	1.422	1.534	1.648	1.763
30	1.214	1.264	1.328	1.399	1.473	1.549
40	1.208	1.240	1.284	1.334	1.387	1.442

注 B 为翼缘宽度；t 为剪力墙厚度；H 为剪力墙截面高度。

式（2.4）~式（2.6）括号内后一项反映剪切变形的影响，为了方便起见，常将式（2.4）~式（2.6）写成如下形式：

倒三角荷载作用时，有

$$\Delta = \frac{11V_0H^3}{60EI_{eq}} \tag{2.7}$$

均布荷载作用时，有

$$\Delta = \frac{V_0H^3}{8EI_{eq}} \tag{2.8}$$

顶部作用一水平集中荷载时，有

$$\Delta = \frac{V_0H^3}{3EI_{eq}} \tag{2.9}$$

式中：EI_{eq} 为考虑剪切变形影响的等效弯曲刚度。

EI_{eq} 按下列情况分别计算：

倒三角荷载作用时，有

$$EI_{eq} = \frac{EI_q}{1+\dfrac{3.64\mu EI_q}{H^2GA_q}} \tag{2.10}$$

均布荷载作用时，有

$$EI_{eq} = \frac{EI_q}{1+\dfrac{4\mu EI_q}{H^2GA_q}} \tag{2.11}$$

顶部集中荷载作用时，有

$$EI_{eq}=\frac{EI_q}{1+\frac{3\mu EI_q}{H^2GA_q}} \tag{2.12}$$

可以看出，式（2.10）～式（2.12）的差别并不大，工程中一般近似地取它们的平均值，并取 $G=0.42E$，则等效弯曲刚度可统一为

$$EI_{eq}=\frac{EI_q}{1+\frac{9\mu I_q}{H^2A_q}} \tag{2.13}$$

当有多片墙共同承受水平荷载时，总水平荷载也是按各片墙的等效刚度比例分配给各片墙，即

$$V_{ij}=\frac{(EI_{eq})_i}{\sum(EI_{eq})_i}V_{pj} \tag{2.14}$$

式中：V_{pj} 为由水平荷载引起的第 j 层总剪力；$(EI_{eq})_i$ 为第 i 片墙的等效抗弯刚度；V_{ij} 为第 i 片墙第 j 层分配到的剪力。

第2节　小开口整体墙的计算

小开口整体墙的特点为：剪力墙上的门窗洞口规则成列布置，开洞总面积超过墙体总面积的15%，但总的来说洞口还没大到破坏剪力墙的整体性的程度。光弹实验和钢筋混凝土模型实验发现，这种小开口剪力墙在水平荷载作用下的受力性能接近于整体墙，受力后截面变形符合平截面假定，正应力分布也基本上保持直线分布的形态，在各墙肢中仅有少量的局部弯矩，沿墙肢的高度方向上，除顶层墙肢外，其他墙肢没有反弯点。从整体上看，这种剪力墙仍类似于一个竖向悬臂构件。[2.2]

2.1　小开口整体墙的判别条件

开洞率的大小，对剪力墙的力学性能有很大的影响，当开洞率大到一定的程度时，剪力墙的整体性已经破坏，墙体实际上是由连梁连接起来的墙肢。而洞口的大小对剪力墙力

学性能的影响实际上是有连梁和墙肢的相对强弱决定的。所以，可以采用两个表征连梁对墙肢的约束程度以及墙肢相对强弱的指标，即整体性系数和肢强系数作为判别整体小开口墙、联肢墙和壁式框架的条件。关于整体性系数和肢强系数的物理意义将在本书的第 4 章详细介绍，本章先给出它们的定义。

2.1.1 整体性系数

整体性系数是表征连梁对墙肢约束刚度的综合性指标，双肢剪力墙的整体性系数定义为

$$\alpha = H\sqrt{\frac{6}{h(I_1 + I_2)}\frac{\tilde{I}_{b1}c^2}{a^3}\frac{I}{I_n}} \tag{2.15}$$

多肢剪力墙的整体性系数定义为

$$\alpha = H\sqrt{\frac{6}{\tau h\sum_{i=1}^{k+1}I_i}\sum_{i=1}^{k}\frac{I_{bi}c_i^2}{a_i^3}} \tag{2.16}$$

其中

$$\tilde{I}_{bi} = \frac{I_{bi}}{1 + \dfrac{3\mu E_b I_{bi}}{A_{bi}Ga_i^2}} = \frac{I_{bi}}{1 + \dfrac{7\mu I_{bi}}{A_{bi}a_i^2}} \tag{2.17}$$

$$2a_i = 2a_{i0} + \frac{h_b}{2} \tag{2.18}$$

式中：I_{bi} 为第 i 列连梁的截面惯性矩；$\tilde{I}_{bi}$ 为第 i 列考虑连梁剪切变形的等效刚度；h_b 为第 i 列连梁高度；A_{bi} 为第 i 列连梁的截面积；τ 为系数，当为 3～4 肢时取 0.8，5～7 肢时取 0.85，8 肢以上取 0.9；I 为剪力墙对组合截面形心的惯性矩；I_n 为各墙肢截面积对组合截面形心的面积二次矩之和；H 为剪力墙总高度；$2a_{i0}$ 为第 i 列洞口净宽度；$2a_i$ 为连梁计算跨度，考虑到连梁与墙肢节点处弹性变形的影响，将连梁的计算跨度定义为其净跨加 1/2 梁高；c_i 为第 i 跨墙肢轴线间距离。

各物理量如图 2.4 所示。

2.1.2 肢强系数

肢强系数的定义为

$$\zeta = I_n / I \tag{2.19}$$

其中

$$I = I_n + I_j$$

$$I_n = \sum A_{ji} r_{ji}^2$$

$$I_j = \sum I_{ji}$$

式中：I_{ji} 为第 j 层第 i 墙肢对该墙肢自身截面形心轴的惯性矩；A_{ji} 为第 j 层第 i 墙肢的截面积；r_{ji} 为第 j 层第 i 墙肢的形心到组合截面形心的距离，见图 2.3 的双肢墙组合截面。

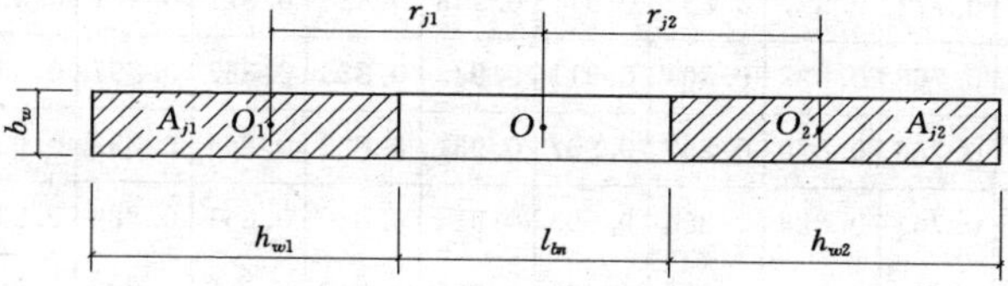

图 2.3　剪力墙组合截面

（O 为组合截面的形心；O_1、O_2 分别为墙肢 1、2 的截面形心）

2.1.3 判别条件

当剪力墙连梁刚度和墙肢宽度基本均匀时，如满足下述的条件，可按小开口整体墙作近似计算（见图 2.3）。

$$\alpha \geqslant 10 \tag{2.20}$$

$$\frac{I_n}{I} \leqslant [\zeta] \quad 或 \quad \frac{I_A}{I} \leqslant [\zeta_i] \tag{2.21}$$

式中：$[\zeta]$ 为肢强系数允许值，根据在水平荷载作用下，只有少数楼层的墙肢出现反弯点的情况来确定。

表 2.2 给出了 $\alpha \geqslant 10$ 时的肢强系数允许值 $[\zeta]$。

表 2.2　肢强系数允许值 $[\zeta]$

荷载	均布荷载					倒三角荷载				
层数 N / α	8	10	12	16	20	8	10	12	16	20
10	0.832	0.897	0.945	1.000	1.000	0.887	0.938	0.974	1.000	1.000

续表

荷载	均布荷载					倒三角荷载				
层数 N / α	8	10	12	16	20	8	10	12	16	20
12	0.810	0.874	0.926	0.978	1.000	0.867	0.915	0.950	0.994	1.000
14	0.797	0.858	0.901	0.957	0.993	0.833	0.901	0.933	0.976	1.000
16	0.788	0.847	0.888	0.943	0.977	0.844	0.889	0.924	0.963	0.989
18	0.781	0.838	0.879	0.932	0.965	0.837	0.881	0.913	0.953	0.978
20	0.775	0.832	0.871	0.923	0.956	0.832	0.875	0.906	0.945	0.970
22	0.771	0.827	0.864	0.917	0.948	0.828	0.871	0.901	0.939	0.964
24	0.768	0.823	0.861	0.911	0.943	0.825	0.867	0.897	0.935	0.959
26	0.766	0.820	0.857	0.907	0.937	0.822	0.864	0.893	0.931	0.956
28	0.763	0.828	0.854	0.903	0.934	0.820	0.861	0.889	0.928	0.953
≥30	0.762	0.815	0.853	0.900	0.930	0.818	0.858	0.885	0.925	0.949

当为不等肢墙且各肢相差较大时，可根据表 2.3 中 S 值按下式计算，然后用计算出的 $[\zeta_i]$ 值分别检查每肢墙。

$$[\zeta_i] = \frac{1}{S}\left(1 - \frac{3A_{ji}/\sum A_{ji}}{2NI_{ji}/\sum I_{ji}}\right) \qquad (2.22)$$

式中：N 为剪力墙的层数。

表 2.3　　系数 S

层数 N / α	8	10	12	16	20
10	0.915	0.907	0.890	0.888	0.882
12	0.937	0.929	0.921	0.912	0.906
14	0.952	0.945	0.938	0.929	0.923
16	0.963	0.956	0.950	0.941	0.936
18	0.971	0.965	0.959	0.951	0.955
20	0.977	0.973	0.966	0.958	0.953

续表

层数 N / α	8	10	12	16	20
22	0.982	0.976	0.971	0.964	0.960
24	0.985	0.980	0.976	0.969	0.965
26	0.988	0.984	0.980	0.973	0.968
28	0.991	0.987	0.984	0.976	0.971
≥30	0.993	0.911	0.998	0.979	0.974

2.2　小开口整体墙的计算

如前所述，满足上述条件的小开口整体墙，墙肢内力具有下述特点（见图 2.4）：

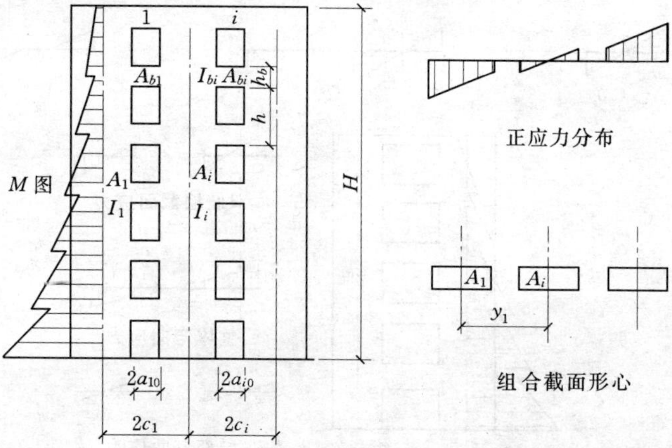

图 2.4　小开口整体墙

（1）正应力在整个截面上基本是按直线分布的，局部弯矩不超过整体弯矩的 15%。

（2）大部分楼层中，墙肢弯矩不应有反弯点。

因此，计算内力和位移时，仍可应用材料力学的计算公式，略加修正即可。事实上，开洞剪力墙可以看作是由一系列离散的连梁连接起来的墙肢所构成的抗侧力构件。外荷载所引起的结构中抵抗弯矩由两部分组成：一部分为墙肢本身的抵抗弯矩，另一部分为连梁的抵抗弯矩。当洞口很大，连梁的刚度很小而墙肢的刚度又相对较大，即整体性系数和肢强系数都较小时，两墙肢的联系很弱，连梁对墙肢的约束比较弱。在水平荷载的作用下，双肢墙转化为由连梁铰结的两悬臂墙，见图 2.5（*b*）。这时，墙肢轴力为零，水平荷载产生的弯矩由两个独立的悬臂墙直接承担。

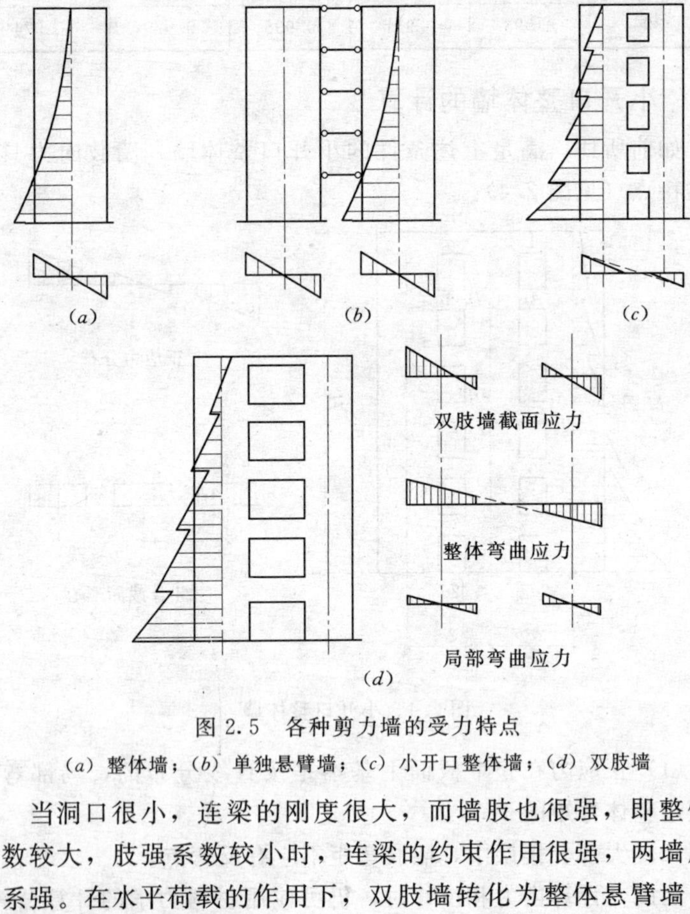

图 2.5　各种剪力墙的受力特点

（*a*）整体墙；（*b*）单独悬臂墙；（*c*）小开口整体墙；（*d*）双肢墙

当洞口很小，连梁的刚度很大，而墙肢也很强，即整体性系数较大，肢强系数较小时，连梁的约束作用很强，两墙肢的联系强。在水平荷载的作用下，双肢墙转化为整体悬臂墙（或小开口整体墙），见图 2.5（*c*）。这时，墙肢中的轴力抵抗了大部分的水平弯矩，而墙肢和连梁的局部弯矩则很小。

当连梁和墙肢的刚度介于上述两种情况之间时，墙肢和连梁共同抵抗外荷载形成的弯矩。这时墙肢截面上的实际正应力可以看作是由两部分的弯曲应力组成：一部分为整体悬臂墙作用产生的弯曲应力，另一部分是由于连梁的约束而产生的局部弯曲应力。假定整体悬臂部分承担总弯矩 M_p 的百分比为 k，则由于连梁的约束而产生的局部弯曲作用所承担的弯矩就为 $(1-k)M_p$。于是墙肢的弯矩可表示为

$$M_i = kM_p \frac{I_i}{I} + (1-k)M_p \frac{I_i}{\sum I_i} \tag{2.23}$$

$$N_i = kM_p \frac{A_i y_i}{I} \tag{2.24}$$

式中：k 为整体弯矩系数。

根据文献［5］的研究结果，小开口整体墙的局部弯矩不超过总体弯矩的15%，所以，可以近似地按下式计算：

$$M_i = 0.85M_p \frac{I_i}{I} + 0.15M_p \frac{I_i}{\sum I_i} \quad (i = 1,\cdots,k+1) \tag{2.25}$$

$$N_i = 0.85M_p \frac{A_i y_i}{I} \tag{2.26}$$

如果开洞很大，同时连梁的刚度很大而墙肢比较弱，即整体性系数和肢墙系数都比较大时，在水平荷载的作用下，连梁对墙肢的约束很强而使每一层的墙肢都产生双曲率弯曲，墙肢在每层都出现反弯点，剪力墙退化为壁式框架。关于壁式框架的计算，读者可参考文献［2，4，5，12］。

第3节 计算实例

如图2.6所示一开洞剪力墙，层高皆为2.9m，共12层，弹性模量 $E=2.6\times10^7\text{kN/m}^2$，剪切模量 $G=0.425E$，其余尺寸见图2.6。试求：①判别该剪力墙的类型；②求顶点侧移；③求各墙肢的剪力、弯矩和轴力。

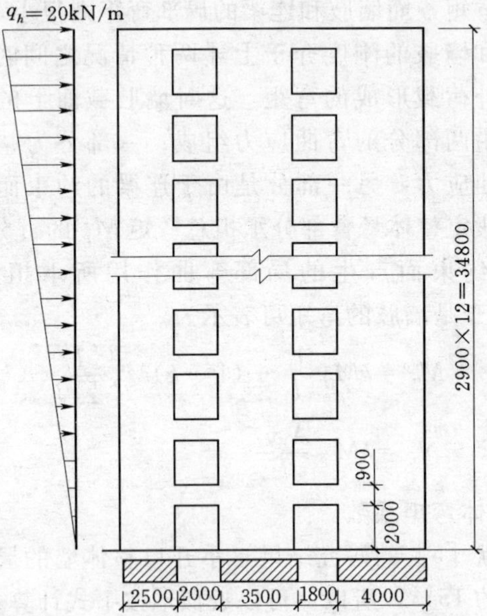

图 2.6 倒三角形分布荷载作用下的开洞剪力墙

1. 判别剪力墙的类型

几何特性：

$$I_1=\frac{1}{12}\times 0.16\times 2.5^3=0.2083\text{m}^4$$

$$I_2=\frac{1}{12}\times 0.16\times 3.5^3=0.5717\text{m}^4$$

$$I_3=\frac{1}{12}\times 0.16\times 4^3=0.8533\text{m}^4$$

有关参数见表 2.4。

表 2.4 剪力墙参数

参数	1	2	3	Σ
A_j	0.4	0.56	0.64	1.6
I_j	0.2083	0.5717	0.8533	1.633
I_j/I	0.1276	0.35	0.5224	—

续表

参数	1	2	3	Σ
A_j/A	0.25	0.35	0.40	—

中性轴：

$$y_0 = \frac{(2.5\times1.25+3.5\times6.25+4\times11.8)\times0.16}{1.6} = 7.22\text{m}$$

组合截面惯性矩：

$$I_z = 1.6333 + 0.16\times(2.5\times5.97^2+3.5\times0.97^2+4.0\times4.58^2)$$
$$= 29.8415\text{m}^4$$

梁的折算抗弯刚度：

$$I_{110} = I_{120} = \frac{1}{12}\times0.16\times0.9^3 = 0.00972\text{m}^4$$

$$I_{11} = \frac{0.009972}{1+\dfrac{30\times1.2\times0.00972}{0.16\times0.9\times2.45^2}} = 0.00706\text{m}^4$$

$$I_{12} = \frac{0.00972}{1+\dfrac{30\times1.2\times0.00972}{0.16\times1.2\times2.25^2}} = 0.00671\text{m}^4$$

由式（2.15）得，整体性系数：

$$\alpha = \sqrt{\frac{12}{0.8\times2.9\times1.6333}\times\left(\frac{0.00706\times5^2}{2.45^3}+\frac{0.00671\times5.55^2}{2.25^3}\right)}\times34.8$$
$$= 0.3090\times34.8$$
$$= 10.753 > 10$$

墙肢截面面积对组合截面形心轴的二次矩：

$$I_n = I_z - I = 29.8415 - 1.6333 = 28.208$$

由式（2.19）得，肢强系数：

$$\zeta = \frac{I_n}{I_z} = \frac{28.208}{29.8145} = 0.9453 < [\zeta] = 0.965 \qquad \text{（查表 2.2 知）}$$

可见，该剪力墙属小开口整体墙。

2. 顶点侧移

$$I_w = I_z/1.2 = \frac{1}{1.2}\times29.8415 = 24.8679\text{m}^4$$

$$I_{eq}=\frac{24.8679}{1+\dfrac{3.64\times1.2\times23.8732}{34.8^2\times0.425\times1.6}}=22.0734\mathrm{m}^4$$

上式中用到条件 $G=0.425E$。

$$\Delta=\frac{11\times0.5\times20\times34.8\times34.8^3}{60\times22.0734\times2.6\times10^7}=0.00468\mathrm{m}=0.468\mathrm{cm}$$

3. 墙肢内力

(1) 墙肢剪力：

$$V_p(\xi)=\frac{1}{2}q_H H(1-\xi^2)$$

其中
$$\xi=z/H$$

坐标方向向上为正。

$$V_j(\xi)=\frac{1}{2}V_p(\xi)\left(\frac{A_j}{A}+\frac{I_j}{I}\right)$$

(2) 墙肢弯矩：

$$M_p(\xi)=\frac{1}{3}q_H H^2(1+0.5\xi)(1-\xi)^2$$

$$M_j(\xi)=M_p(\xi)\left[0.85\frac{I_j}{J}+0.15\frac{I_j}{I}\right]$$

对本题，$I_1/I_z=0.00698$，且参照表 2.4 得

$$M_1(\xi)=0.02507M_p(\xi)$$

$I_2/I_z=0.01916$，且参照表 2.4 得

$$M_2(\xi)=0.06879M_p(\xi)$$

$I_3/I_z=0.02859$，且参照表 2.4 得

$$M_3(\xi)=0.10266M_p(\xi)$$

(3) 墙肢轴力：

$$N_j(\xi)=0.85M_p(\xi)A_jy_j/J=0.02848A_jy_jM_p(\xi)$$

$$N_1(\xi)=0.0680M_p(\xi)$$

$$N_2(\xi)=0.0155M_p(\xi)$$

$$N_3(\xi)=0.08343M_p(\xi)$$

将以上结果列表，见表 2.5。

表 2.5　　计　算　结　果

ξ	V_p (kN)	V_1 (kN)	V_2 (kN)	V_3 (kN)	M_p (kN·m)	M_1 (kN·m)	M_2 (kN·m)	M_3 (kN·m)	y_1 (m)	N_1 (kN)	y_2 (m)	N_2 (kN)	y_3 (m)	N_3 (kN)
1.000	0	0	0	0	0	0	0	0	5.97	0	0.97	0	4.58	0
0.917	55.58	10.49	19.45	25.63	81.76	2.06	5.62	8.39	5.97	5.56	0.97	1.27	4.58	6.83
0.833	106.33	20.08	37.22	49.04	317.71	7.96	21.86	32.62	5.97	21.6	0.97	4.92	4.58	26.52
0.750	152.25	28.74	53.29	70.22	693.83	17.39	47.73	71.23	5.97	47.18	0.97	10.75	4.58	57.92
0.667	193.33	36.49	67.67	89.16	1196.09	29.99	82.28	122.79	5.97	81.33	0.97	18.54	4.58	99.85
0.583	229.58	43.34	80.35	105.88	1813.15	45.46	124.73	186.14	5.97	123.29	0.97	28.10	4.58	151.36
0.500	261.00	49.28	91.35	120.37	2523.00	63.25	173.56	259.01	5.97	171.56	0.97	39.11	4.58	2101.62
0.417	287.58	54.30	100.65	132.63	3316.28	83.14	228.13	340.45	5.97	225.51	0.97	51.40	4.58	276.84
0.333	309.33	58.40	108.27	142.66	4189.90	105.04	288.22	430.14	5.97	284.91	0.97	64.94	4.58	349.77
0.250	326.25	61.60	114.19	150.47	5109.08	128.09	351.45	524.50	5.97	347.42	0.97	79.19	4.58	426.51
0.167	338.33	63.88	118.42	156.04	6069.95	152.17	417.55	623.14	5.97	412.76	0.97	94.08	4.58	506.72
0.083	345.58	65.25	120.95	159.38	7070.74	181.72	486.40	725.88	5.97	480.81	0.97	109.60	4.58	590.27
0.000	348.00	87.00	121.80	139.20	8073.60	202.39	555.38	828.84	5.97	549.01	0.97	125.14	4.58	673.98

（4）小墙肢修正。墙肢 1 为小墙肢，例如对墙肢 1 底层弯矩的修正：

$$M_{10} = M_{10}(\xi - 0.029)$$
$$= 7722.5 \times 0.02507 = 193.60\text{kN} \cdot \text{m}$$

$$\Delta M_1 = 65.25 \times \frac{2.0}{2} = 65.25\text{kN} \cdot \text{m}$$

$$M_1(0) = 193.60 + 65.25 = 258.85\text{kN} \cdot \text{m}$$

可见，墙肢局部弯曲的影响还是不小的。墙肢 1 其余楼层的修正类似。

第3章 水平荷载作用下联肢墙的计算

第1节 概 述

Coull[13]根据剪力墙的受力性能将其分为单肢剪力墙、连杆连接剪力墙和联肢墙。所谓连杆连接剪力墙，是指两片或两片以上由可以忽略抗弯刚度且能够传递水平相互作用的楼板和梁连接的剪力墙；而联肢墙是指由受弯构件连接的两片或两片以上墙肢所构成的剪力墙。

在实际工程中，相当数量的剪力墙都是联肢墙。尤其是在住宅建筑中，许多剪力墙为了设置门窗，需要开一系列矩形洞口。这种墙不同于小开口整体墙，其开洞率较大，整体性已经被破坏。或者说这种开洞墙已不满足小开口整体墙的条件，其整体性系数 $\alpha<10$。对于此类剪力墙，在布置洞口位置时，必须保证结构的合理性，其性能应能够通过直观的检测来预计。[1]设计必须确保结构的整体性，从抗弯强度上来说，不会因为截面边缘墙体面积的减小而破坏，同时剪力墙还必须有较好的延性。事实上，建筑上门窗洞口一般都是规则排列的，这样，剪力墙就成为由连梁连接的墙肢。仅开有一列洞口的为双肢墙，开有两列以上洞口的为多肢墙［见图 1.2 (*d*)、(*e*)］。

在 2.1 节中已经讨论过，开洞率的大小，对剪力墙的力学性能有很大的影响，当开洞率大到一定的程度时，剪力墙的整体性已经破坏，墙体实际上是由连梁连接起来的墙肢。而洞口的大小对剪力墙力学性能的影响实际上是由连梁和墙肢的相对强弱决定的，这种影响表现在以下两个方面：

(1) 连梁的线刚度比较大，对墙肢的约束能力强，此时若墙肢刚度也很强，则剪力墙的整体性很好，各墙肢在连梁的约束下如同一悬臂的整体墙；若墙肢比较弱，则墙肢在连梁的约束作用下，每层都产生双曲率弯曲，每层墙肢都出现反弯点，剪力墙的力学性能接近框架。

（2）连梁的线刚度比较小，而墙肢相对较强，此时连梁相当于和墙肢铰接的连杆，各墙肢基本为各自独立的悬臂墙肢，这就是 Coull 所说的连杆连接剪力墙。

程文瀼教授将上述情况总结如下：

（1）强-强强连接，即两很强的墙肢通过约束很强的连梁连接，其力学性能为整体墙。

（2）弱-弱强连接，即两较弱的墙肢通过约束刚度很强的连梁连接，其力学性能为框架（有的文献称为壁式框架）。

（3）墙肢刚度和连梁约束刚度都介于上述两者之间，即为联肢墙。

所以，可以用两个表征连梁对墙肢的约束程度以及墙肢相对强弱的指标，即整体性系数和肢强系数，作为判别小开口整体墙、联肢墙和壁式框架的条件。对于联肢墙，应满足下列条件：

$$\alpha < 10 \tag{3.1}$$

$$\frac{I_n}{I} \leqslant [\zeta] \tag{3.2}$$

式中：α 为整体性系数；$[\zeta]$ 为肢强系数允许值，参见第 2 章第 2 节。

联肢墙的计算方法大致有有限元法、连续化方法和壁式框架法。应用二维或三维有限元单元对剪力墙结构进行内力分析，虽然可以得到比较精确的解答，但由于所求问题的自由度数太多，建模及数据准备的工作量相当大，且需要耗费大量的机时。因此，这种方法目前大多应用于结构构件或局部结构的分析中，而在结构的整体分析中应用很少。事实上，许多商用有限元分析程序都采用了诸如墙板单元模型、等效桁架模型等来模拟剪力墙，从而将剪力墙转化为杆单元，使自由度数大大降低。有限元法的另一个缺点是不能得到问题的解析解，不利于从总体上把握结构的性态。

国外对联肢墙理论的研究比较早，[14~16]早期的研究多为分析方法的研究，在计算机普遍应用于结构分析之前，人们多采用解析法求解联肢墙问题，其中应用最广泛的是由 Chitty 于 1947 年提出的所谓的连续连接介质法，[16]许多学者基于这种方法对联肢墙进行了静力或动力分析。[17~21]前南斯拉夫学者 Rosman 于 1964 年应用这种方法，[17]将沿剪力墙高度规则分布的连梁等效为均匀分布在两墙肢之间的连续连接介质，并假定在水平荷载作用下，连梁的反弯点在其跨中，墙肢和连梁的特征值沿墙高为常量，由平衡条件、协调条件（连梁反弯点竖向位移为零）得到联肢墙在水平荷载作用下的控制微分方程，求得了联肢墙在顶点集中荷载作用下的近似解。因此，有些文献将连续连接介质法称为 Rosman 方法。[5]

在许多情况下，联肢墙在水平荷载作用下的变形不仅有墙平面内的侧向变形，还有墙的扭曲所引起的平面外变形。对上述平面内或平面外问题的研究，20 世纪 60~70 年代曾有大量的文献发表。Rosman 对受扭转作用的联肢墙进行了分析，[18]Michael 对一个有两个相同通道组成的有连梁连接的核心筒进行了扭转分析，[21]Gluck 应用连续连接介质方法，考虑弯曲和扭转的作用，对水平荷载作用下的联肢剪力墙进行了分析[22]。但是，由于忽略了轴向变形，加上所应用的薄墙梁理论（Thin-walled beam theory）的不完善，Gluck 所得出的刚度矩阵是错误的。[23]Coull 应用连续连接介质法得出了在水平分布的倒三角形荷载和顶点水平集中荷载作用下联肢墙的内力和侧移解，并给出了设计曲线[13]。在联肢墙的分析方面，还可以提及 Park[24]的工作。

联肢墙的动力特性、墙与地基及基础的相互作用以及带刚性梁的联肢墙等方面的研究，也有大量的文献发表，[25~35]这些研究所应用的方法大多都采用了 Chitty 连续连接介质法或有限单元法，也有的是将这两种方法结合起来，尤其是在动力特性的分析方面。

国内对联肢墙的分析基本上都是应用Chitty连续连接介质法（Rosman方法），[2,4,12]得到的控制微分方程是以连梁的分布弯矩为基本未知函数，求得了联肢墙在水平均布荷载、倒三角形分布荷载和顶点集中荷载作用下的解，这些成果已经应用于工程设计。

本章应用连续化方法来得到联肢墙在水平荷载作用下的解答。

第2节 基本假定

分析中采用以下基本假定：

(1) 墙肢和连梁的特征值，即墙肢和连梁的截面面积、惯性矩、材料的弹性模量等，沿建筑高度保持不变，层高相同。这项假定是为了使所得到的控制微分方程是常系数的，便于求解。实际工程中，结构参数沿高度完全是常量的情况很少，当结构参数沿高度有变化时，可以按高度取加权平均值进行计算。

(2) 各结构构件的弯曲前平截面在弯曲后仍保持平截面。这一点已经被许多试验所证实。

(3) 抗弯刚度为EI_b的各个连梁可以由单位高度上抗弯刚度为EI_b/h的等效连续连接介质替代，这里，h为层高［见图3.1 (b)］。连梁上分布的轴向力、弯矩及剪力可分别由等效连续分布的单位高度上的集度n、m、q取代。严格地讲，这种模拟需要修正，其顶部梁的惯性矩应为其他梁的一半。根据这一假定，就可以把在每一楼层间仅由一根连梁连接的结构，等效地转化为在整个高度上的墙肢间由连续连接介质连接在一起的结构。采用连续化假定是为了建立问题的基本微分方程的需要。通过对微分方程的求解，可以得到问题的解析解，便于把握结构的基本性能。试验和分析证实，由于高层建筑的层数多，由连续化假定所引起的误差，在实用上是可以接受的。

(4) 墙肢附近楼板的平面内刚度及连梁的轴向刚度都很大，

各墙肢水平方向的位移相同，各墙肢弯曲变形引起的倾角在同一高度相等，连梁的反弯点在跨中。试验证明，只要墙肢的线刚度比连梁大得多（比如前者比后者大 5 倍以上），[6] 这项假定就成立。根据这条假定，还可得出各墙肢的曲率在同一高度上相等。因此，每片墙肢所受弯矩作用与其抗弯刚度成正比。

第 3 节　双肢墙的计算

3.1　控制方程

如图 3.1（a）中所示的平面双肢联肢剪力墙结构，受到水平侧向荷载 $p(z)$ 的作用。设剪力墙的总高度为 H，层高为 h，两墙肢轴线之间的距离为 l，连梁的净跨度为 b，坐标选取见图 3.1。下面应用连续化方法来推导双肢联肢墙在水平荷载作用下的控制微分方程。[13]

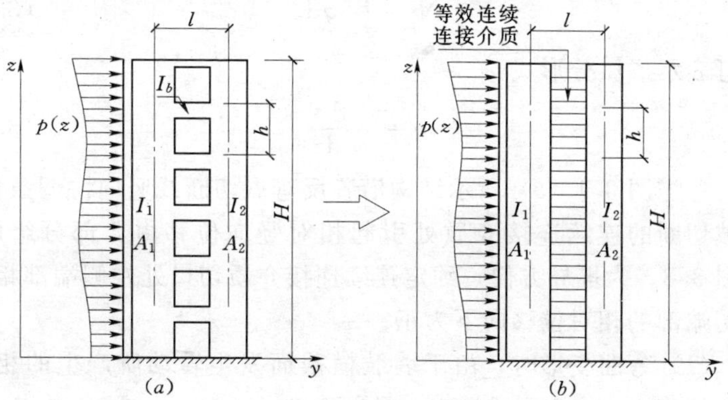

图 3.1　水平荷载作用下的联肢墙

（a）结构立面；（b）分析模型

按本章第 2 节中的假定，将连梁等效为在高度方向均匀分布的连续连接介质，见图 3.1（b）。由于假定了两墙肢在同一高度有相同的曲率，这就意味着连梁两端的转角相同，所以连梁的反弯点在跨中。沿着连续介质的反弯点连续竖向切开，则在此处只存在沿单位高度上分布的剪力流和轴向分布力，设其分布集度分别为 $q(z)$ 和 $n(z)$，见图 3.2。则任一高度 z 处的任一片墙肢上轴向力 N 等于该处以上连续介质中剪力流的积分，即

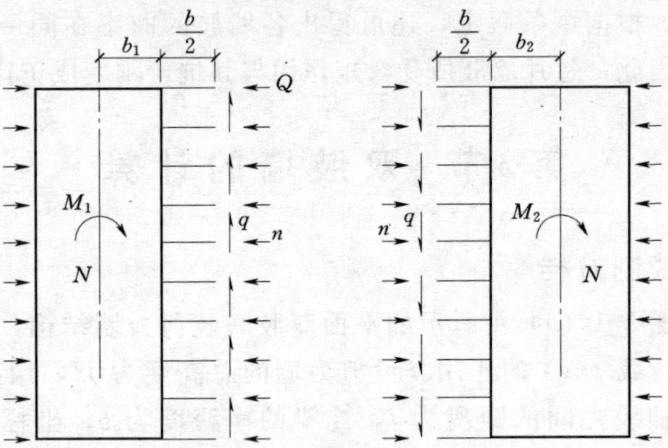

图 3.2　联肢墙的内力

$$N = \int_z^H q\,\mathrm{d}z \tag{3.3}$$

或可表示成微分形式：

$$q = -\frac{\mathrm{d}N}{\mathrm{d}z} \tag{3.4}$$

考虑图 3.1 (*b*) 所示结构沿着反弯点切断线竖向协调条件。在被切断的连续连接介质处引起相对竖向位移由 5 部分组成，见图 3.3。为推导方便，约定连续连接介质切口处左侧端部相对右侧端部的相对位移向下为正。

(1) 弯曲变形时，由于墙肢横截面发生转动所产生的相对竖向位移 δ_1。δ_1 由下式给出［见图 3.3 (*a*)］：

$$\delta_1 = \left(\frac{b}{2} + d_1\right)\frac{\mathrm{d}y}{\mathrm{d}z} + \left(\frac{b}{2} + d_2\right)\frac{\mathrm{d}y}{\mathrm{d}z} = l\,\frac{\mathrm{d}y}{\mathrm{d}z} \tag{3.5}$$

式中：$\mathrm{d}y/\mathrm{d}z$ 为墙肢在高度 Z 处的转角。

(2) 在剪力流作用下连梁中的弯曲和剪切变形［见图 3.3 (*b*)］。考虑高度为 $\mathrm{d}z$ 的连续连接介质微小单元，此单元是墙肢内边缘处的悬臂构件，其抗弯刚度为 $EI_b/\mathrm{d}z$，悬臂段的端部受

到剪力 $q\mathrm{d}z$ 作用。仅在弯曲变形时产生的相对位移 δ_2。δ_2 可表示为

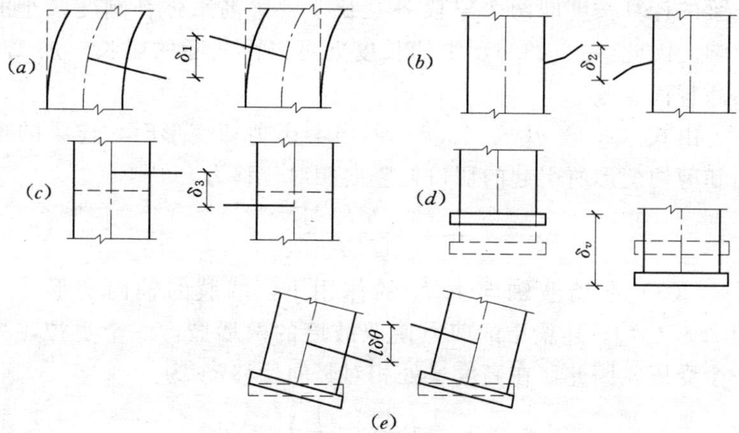

图 3.3　反弯点处的相对位移

$$\delta_2 = -\frac{2q\mathrm{d}z}{3(EI_b/h)\mathrm{d}z}\left(\frac{b}{2}\right)^3 \tag{3.6}$$

式中：b 为连梁的净跨。

为了考虑连梁剪切变形的影响，用等效抗弯刚度 EI_c 替代实际的抗弯刚度 EI_b 便可很容易地求出考虑连梁剪切变形时的弯曲刚度，即

$$I_c = \frac{I_b}{1+r} \tag{3.7}$$

其中
$$r = \frac{12EI_b}{b^2GA}\lambda$$

式中：GA 为连梁的剪切刚度；λ 为剪切变形时的截面形状系数，对于矩形截面 λ 等于 1.2。

需要说明的是，当梁的跨高比大于 5 时，剪切变形的影响很小，可以忽略，所以，仅当连梁的跨高比小于 5 时才需应用式 (3.7) 作修正。

以上在计算 δ_2 时，假定连梁与墙肢刚接，这样实际忽略了

梁与墙结点处局部的弹性变形影响，该影响会使悬臂段的刚度减小，根据弹性理论及有限元分析的结果，可以简单地通过延长梁的计算长度即两个梁段各延长 1/4 梁高来弥补刚度减小的影响。因此，式（3.6）中的长度 b 可以由实际的梁长 b 加 1/2 梁高替代。

由式（3.4）及式（3.6）得出考虑剪切变形时，连梁的弯曲和剪切变形所引起的切口处竖向相对位移为

$$\delta_2 = \frac{b^3 h}{12EI_c}\frac{\mathrm{d}N}{\mathrm{d}z} \tag{3.8}$$

（3）在墙肢轴向力 N 的作用下，墙肢的轴向变形［见图 3.3（c）］。连梁中的剪力使双肢墙的两墙肢，一个受拉，另一个受压。因此，在高度 z 处相对竖向位移 δ_3 为

$$\delta_3 = -\frac{1}{E}\left(\frac{1}{A_1}+\frac{1}{A_2}\right)\int_0^z N\mathrm{d}z \tag{3.9}$$

式中：A_1 、A_2 分别为两墙肢的横截面积。

（4）基底的竖向及转动引起切口处的相对位移。基底的竖向或转动变形是由基础位移（与地基抵抗模量有关）及支承子结构的柔性变形引起的。这种基础位移的结果将使上部主体结构产生刚性移动，该位移沿建筑高度保持常量［见图 3.3（d）、（e）］。

$$\delta_4 = -\delta_v + l\delta_\theta = \delta_b \tag{3.10}$$

（5）结构实际产生的变形沿连梁反弯点切断线没有相对竖向位移。因此，该位置处竖向协调条件为

$$\delta_1+\delta_2+\delta_3+\delta_4 = 0$$

或表示为

$$l\frac{\mathrm{d}y}{\mathrm{d}z}+\frac{b^3}{12EI_c}\frac{\mathrm{d}N}{\mathrm{d}z}-\frac{1}{E}\left(\frac{1}{A_1}+\frac{1}{A_2}\right)\int_0^z N\mathrm{d}z+\delta_b = 0 \tag{3.11}$$

对于刚性基础，最后一项应等于零。

考虑任意高度处墙肢的弯矩-曲率关系，可得

$$EI_1\frac{\mathrm{d}^2 y}{\mathrm{d}z^2} = M_1 = M-\left(\frac{b}{2}+d_1\right)\int_z^H q\mathrm{d}z - M_a \tag{3.12}$$

$$EI_2\frac{d^2y}{dz^2}=M_2=-\left(\frac{b}{2}+d_2\right)\int_z^H q\,dz+M_a \qquad (3.13)$$

式中：M_a 为连梁中轴向力引起的弯矩。

将式（3.12）与式（3.13）相加便得到联肢剪力墙的总体弯矩-曲率关系式：

$$E(I_1+I_2)\frac{d^2y}{dz^2}=M-l\int_z^H q\,dz=M-lN \qquad (3.14)$$

对式（3.11）中变量 z 求微分并考虑到式（3.14），消去曲率项 d^2y/dz^2，得

$$\frac{d^2N}{dz^2}-(k\alpha_1)^2N=-\frac{\alpha^2}{l}M \qquad (3.15)$$

其中

$$\alpha_1{}^2=\frac{12I_cl^2}{b^3hI}$$

$$k^2=1+\frac{AI}{A_1A_2l^2}$$

$$I=I_1+I_2$$

$$A=A_1+A_2$$

式（3.15）即为联肢剪力墙以轴向力 N 表示的基本微分方程。式（3.15）的左边表示结构固有的物理特征值，右边表示关于外荷载的各项。另外，消去式（3.11）及式（3.14）中的轴向力 N 即可得出：

$$\frac{d^4y}{dz^4}-(k\alpha_1)^2\frac{d^2y}{dz^2}=\frac{1}{EI}\left(\frac{d^2M}{dz^2}-(k\alpha_1)^2\frac{k^2-1}{k^2}M\right) \qquad (3.16)$$

式（3.16）即为联肢剪力墙以水平位移 y 表示的基本微分方程。

3.2　控制方程的解

方程（3.15）的通解可以表示为

$$N=C_1\cosh k\alpha_1z+C_2\sinh k\alpha_1z-\frac{1}{(k\alpha_1)^2}\times\left[1+\frac{D^2}{(k\alpha_1)^2}+\frac{D^2}{(k\alpha_1)^2}+\cdots\right]\left[\frac{\alpha_1{}^2M}{l}\right] \qquad (3.17)$$

式中：D 为运算符 d/dz；C_1、C_2 分别为由外荷载、结构参数

表达的积分常数，根据结构顶端和底端的边界条件确定。

式（3.16）的通解具有同样的形式：

$$y = C_3 + C_4 z + C_5 \cosh k\alpha_1 z + C_6 \sinh k\alpha_1 z - \frac{1}{EI(k\alpha_1)^2}\left[\frac{1}{D^2} + \frac{1}{(k\alpha_1)^2} + \frac{D^2}{(k\alpha_1)^4} + \frac{D^4}{(k\alpha_1)^6} + \cdots\right] \times \left[\frac{\mathrm{d}^2 M}{\mathrm{d}z^2} - (k\alpha_1)^2 \frac{k^2-1}{k^2} M\right] \tag{3.18}$$

式中：$C_1 \sim C_6$ 为积分常数，根据边界条件确定。

边界条件确定如下：

考虑结构顶端和底端的协调及平衡条件，可以确定出各类基本边界条件。首先来讨论式（3.17）的边界条件。

对于顶端自由的结构，顶部轴向力为零，即

$$N(H) = 0 \tag{3.19}$$

底端刚接的结构，基底转角 $\mathrm{d}y(0)/\mathrm{d}z = 0$，考虑到式（3.11），可知

$$\frac{\mathrm{d}N(0)}{\mathrm{d}z} = 0 \tag{3.20}$$

同样，可以得到式（3.18）边界条件：

$$y(0) = 0 \tag{3.21}$$

$$\frac{\mathrm{d}y(0)}{\mathrm{d}z} = 0 \tag{3.22}$$

在顶端，轴向力和弯矩为零，因此有

$$\frac{\mathrm{d}^2 y(H)}{\mathrm{d}z^2} = 0 \tag{3.23}$$

利用式（3.22），并将式（3.14）中的 N 和一阶导数 $\mathrm{d}N/\mathrm{d}z$ 代入协调方程（3.11），即可很容易地求出顶端第二类边界条件为

$$\frac{\mathrm{d}^2 y(H)}{\mathrm{d}z^2} = 0 \tag{3.24}$$

$$\frac{\mathrm{d}^3 y}{\mathrm{d}z^3} - (k\alpha_1)^2 \frac{\mathrm{d}y}{\mathrm{d}z} = \frac{1}{EI}\left[\frac{\mathrm{d}M}{\mathrm{d}z} - \alpha_1{}^2 (k^2-1)\int_0^H M\mathrm{d}z\right] \tag{3.25}$$

同样，也可以确定处于弹性基础之上的墙肢和以各类门式

框架为支承的墙肢的边界条件。后者需要对支承结构的受力特性作进一步的简化假定，以便导出以适当变量表示的边界条件。

3.3　水平均布荷载作用下的解

下面来求在水平均布荷载作用下的微分方程解。为简便，考虑刚性地基的情况，至于弹性地基情况，本书不作介绍，读者可应用本书方法导出。

设墙肢受到单位高度上分布集度为 w 的均布荷载作用，其形成的外弯矩为

$$M = w(H - z)^2/2 \tag{3.26}$$

3.3.1　墙肢的轴力

墙肢中的轴向力可根据式（3.17）求出积分部分的解，再从式（3.19）和式（3.20）中求出积分常数 C_1 和 C_2 后，得出全解：

$$N = \frac{wH^2}{k^2 l}\left\{\frac{1}{2}\left(1 - \frac{z}{H}\right)^2 + \frac{1}{(k\alpha_1 H)^2} \times \left[1 - \frac{\cosh k\alpha_1 z + k\alpha_1 H \sinh k\alpha_1 (H - \alpha_1)}{\cosh k\alpha_1 H}\right]\right\} \tag{3.27}$$

式（3.27）表明沿着建筑高度方向轴向力分布仅取决于两个无量纲值，即相对高度 z/H 及刚度参数 $k\alpha_1 H$。因为 $k\alpha_1 z = k\alpha_1 H \cdot z/H$，故式（3.25）又可表示为

$$N = \omega \frac{H^2}{k^2 l} F_1(z/H, k\alpha_1 H) \tag{3.28}$$

$$F_1 = \frac{1}{2}\left(1 - \frac{z}{H}\right)^2 + \frac{1}{(k\alpha_1 H)^2} \times \left[1 - \frac{\cosh k\alpha_1 z + k\alpha_1 H \sinh k\alpha_1 (H - z)}{\cosh k\alpha_1 H}\right] \tag{3.29}$$

式中：F_1 为轴力影响系数，它随参数 z/H 和 $k\alpha_1 H$ 而变化（见图 3.4），曲线表明轴力随 $k\alpha_1 H$ 的增大而增大。

3.3.2　连续连接介质中的剪力

根据式（3.4）及式（3.27）知，连接介质中的剪力流为

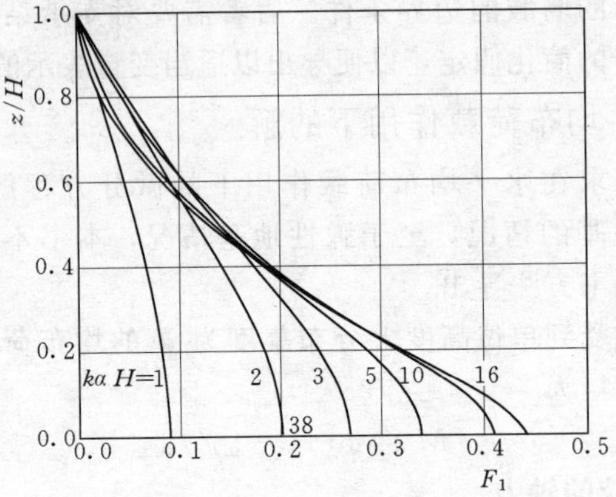

图 3.4 轴力影响系数 F_1

$$q=\frac{wH}{k^2 l}\left\{\left(1-\frac{z}{H}\right)+\frac{1}{(k\alpha_1 H)}\times\left[\frac{\sinh k\alpha_1 z+k\alpha_1 H\cosh k\alpha_1(H-z)}{\cosh k\alpha_1 H}\right]\right\} \tag{3.30}$$

也可以表示成类似式（3.28）的形式：

$$q=\frac{wH}{k^2 l}F_2(z/H, k\alpha_1 H) \tag{3.31}$$

剪力流系数 F_2 随参数 z/H 和 $k\alpha_1 H$ 而变化（见图 3.5）。对式（3.30）求导便可得出 F_2 的最大值 $F_2(\max)$，并由图 3.5中的点划线表示。连续介质中剪力流的最大集度为

$$q_{\max}=\frac{wH}{k^2 l}F_2(\max) \tag{3.32}$$

图 3.5 表明，参数 $k\alpha_1 H$ 的增大主要是由于连梁刚度的增大，连接介质中剪力流的最大值位置随着 $k\alpha_1 H$ 的增加而降低。

3.3.3 墙肢中的弯矩

因为弯矩与抗弯刚度成正比，故墙肢 1 的弯矩为

$$M_1=\frac{I_1}{I}\left[\frac{1}{2}wH^2(1-z/H)^2-Nl\right] \tag{3.33}$$

式中：N 由式（3.27）确定。

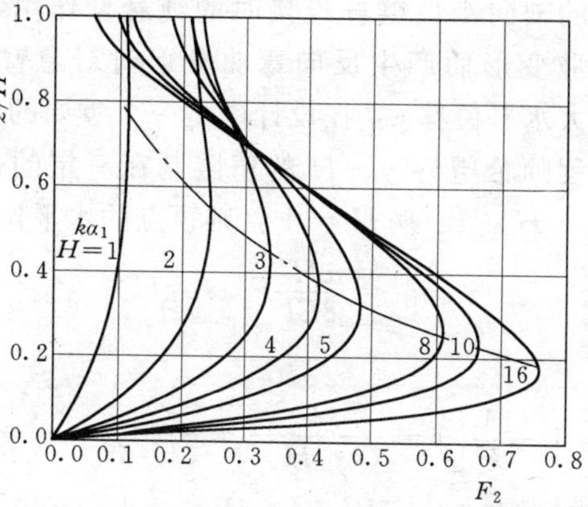

图 3.5　剪力流系数 F_2

同样，弯矩也可以表示成函数 F_1 的形式，即

$$M_1=\frac{1}{2}wH^2\frac{I_1}{I}\left[(1-z/H)^2-\frac{2}{k^2}F_1\right]\tag{3.34}$$

同样，墙肢 2 中的弯矩为

$$M_2=\frac{1}{2}wH^2\frac{I_2}{I}\left[(1-z/H)^2-\frac{2}{k^2}F_1\right]\tag{3.35}$$

式中：方括号中的项表示各墙肢所承担的由水平荷载引起的弯矩比例，当 N 和 F_1 增大时，墙肢承担的弯矩比例将减小。

3.3.4　剪力墙的侧移

由式（3.18）和式（3.26），并考虑到边界条件，可以求出双肢剪力墙在水平侧向荷载作用下的侧移曲线为

$$\begin{aligned}y=\frac{wH^4}{EI}\Bigg(&\frac{1}{24}\left[\left(1-\frac{z}{H}\right)^4+4\frac{z}{H}-1\right]\\&+\frac{1}{k^2}\Bigg\{\frac{1}{2(k\alpha_1H)^2}\left[2\frac{z}{H}-\left(\frac{z}{H}\right)^2\right]-\frac{1}{24}\left[\left(1-\frac{z}{H}\right)^4\right.\\&\left.+4\frac{z}{H}-1\right]-\frac{1}{(k\alpha_1H)^4\cosh k\alpha_1H}\Big[1+k\alpha_1H\sinh k\alpha_1H\\&-\cosh k\alpha_1z-k\alpha_1H\sinh k\alpha_1(H-z)\Big]\Bigg\}\Bigg)\end{aligned}\tag{3.36}$$

式（3.36）由两个大括号项构成。第一项表示各墙肢采用

具有铰接端的轴向刚性链杆连接时的纯悬臂作用，第二项表示连梁由于墙肢变形而产生反向弯曲变形时对悬臂作用的修正。结构顶端最大水平位移 y_H 在设计中是一个重要的参数，因为在设计中，工程师希望将 y_H/H 的值限制在一定的范围内。利用上式，令 $z=H$，或 $z/H=1$，则顶点的水平位移为

$$y_H = \frac{wH^4}{8EI}F_3(k\alpha_1 H) \tag{3.37}$$

其中

$$F_3 = 1-\frac{1}{k^2}\Big[1-\frac{4}{(k\alpha_1 H)^2}+\frac{8}{(k\alpha_1 H)^4\cosh k\alpha_1 H} \times (1+k\alpha_1 H\sinh k\alpha_1 H-\cosh k\alpha_1 H)\Big] \tag{3.38}$$

水平位移系数 F_3 的变化可以很简便地由参数 k 和 $k\alpha_1 H$ 表示（见图 3.6）。曲线表明：当 $k\alpha_1 H<4$ 时，顶点侧移随 $k\alpha_1 H$ 的增大而很快衰减；当 $k\alpha_1 H>4$ 时，最大水平位移降低至 60%；当 $k\alpha_1 H>6$ 时，顶点侧移随 $k\alpha_1 H$ 的增大，衰减较慢。

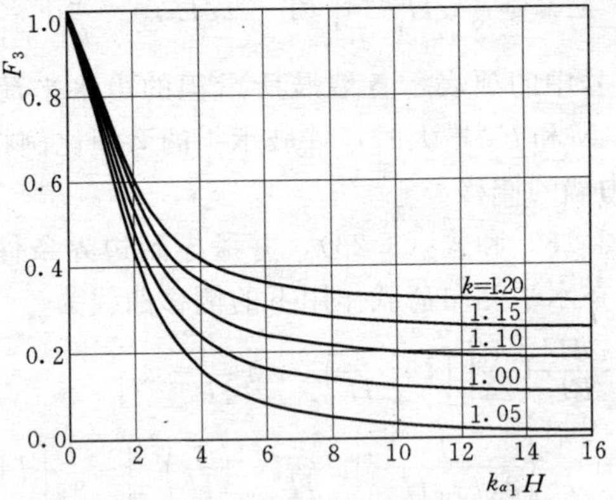

图 3.6 顶端水平位移系数 F_3 的变化

3.3.5 连梁中的剪力

以上得出的是等效连续系统的解，所以还必须将其还原为实际的联肢剪力墙结构的解。在高度为 z 处的任意连梁 i 中的剪力 Q_i 是距该层上、下各 $h/2$ 处的轴向力 N 之差，即

$$Q_i = N\left(z_i - \frac{h}{2}\right) - N\left(z_i + \frac{h}{2}\right) \tag{3.39}$$

此外，Q_i 还可以通过对剪力流 q 沿高度积分得出，即

$$Q_i = \int_{z_i-h/2}^{z_i+h/2} q\mathrm{d}z$$

考虑到式（3.30），则

$$Q_i = \frac{wH}{k^2 l}\left\{\left(1 - \frac{z_i}{H}\right)h + \frac{2H\sinh k\alpha_1(h/2)}{(k\alpha_1 H)^2\cosh k\alpha_1 H} \times [\sinh k\alpha_1 z_i - k\alpha_1 H\cosh k\alpha_1(H - z_i)]\right\} \tag{3.40}$$

还可以通过剪力流曲线（见图3.5），计算 i 层以下的曲线面积或 q 的平均值乘以层高得出 Q_i 值。顶端梁中剪力值等于顶端半个层高的剪力流值。

任意梁中的最大弯矩可以用剪力流曲线 F_2 计算，经观察还能确定出梁中最大荷载发生的位置。通过两边的两根梁中任何一边的最大值 $F_2(\max)$ 能够很快地得出 $Q_i(\max)$ 值：

$$Q_i(\max) \approx w\frac{H}{k^2 l}F_2(\max)h \tag{3.41}$$

连梁 i 与墙肢连接处的最大弯矩值等于 $Q_i b/2$ 。两墙肢上弯矩的连续分布由式（3.34）和式（3.35）求出。

3.3.6　墙肢中的剪力

研究连续结构中的一小段墙肢及相关连接介质的平衡条件（见图3.7）。可以证明，两墙肢上的剪力 S_1 和 S_2 应由下式得出：

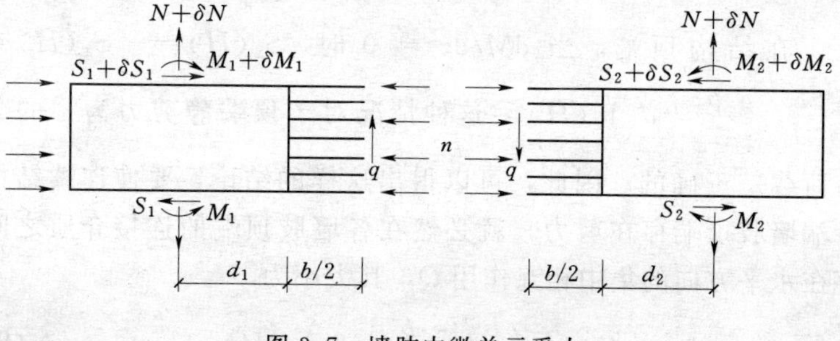

图3.7　墙肢中微单元受力

$$S_1 = \left(\frac{I_1}{I}l - \frac{b}{2} - d_1\right)\frac{\mathrm{d}N}{\mathrm{d}z} - \frac{I_1}{I}\frac{\mathrm{d}M}{\mathrm{d}z} \tag{3.42}$$

$$S_2 = \left(\frac{I_2}{I}l - \frac{b}{2} - d_2\right)\frac{\mathrm{d}N}{\mathrm{d}z} - \frac{I_2}{I}\frac{\mathrm{d}M}{\mathrm{d}z} \tag{3.43}$$

式中：M 为外荷载的总外弯矩。

利用式（3.4）和式（3.26）便可求出墙肢中的剪力如下：

$$S_1 = wH\frac{I_1}{I}\left(1 - \frac{z}{H}\right) - \left(\frac{I_1}{I}l - \frac{b}{2} - d_1\right)q \tag{3.44}$$

$$S_2 = wH\frac{I_2}{I}\left(1 - \frac{z}{H}\right) - \left(\frac{I_2}{I}l - \frac{b}{2} - d_2\right)q \tag{3.45}$$

式中：连接介质中的剪力流 q 由式（3.30）给出。

式（3.42）~式（3.45）中的第一项表示墙肢在采用铰连接时所承担的剪力，当基底为固定端时，$q(0) = 0$，则基底剪力为

$$S_1 = wH\frac{I_1}{I}\left(1 - \frac{z}{H}\right) \tag{3.46}$$

$$S_2 = wH\frac{I_2}{I}\left(1 - \frac{z}{H}\right) \tag{3.47}$$

如果两墙肢完全相同，则由对称性知

$$\frac{I_2}{I}l - \frac{b}{2} - d_2 = -\left(\frac{I_1}{I}l - \frac{b}{2} - d_1\right)$$

即两个剪力之和应等于外剪力 $wH(1 - z/H)$，则可将式（3.44）和式（3.45）简化为

$$S_1 = S_2 = \frac{1}{2}wH\left(1 - \frac{z}{H}\right) \tag{3.48}$$

在结构顶端，当 $\mathrm{d}M/\mathrm{d}z = 0$ 时，$S_1(H) = -S_2(H) = -\left(\frac{I_1}{I}l - \frac{b}{2} - d_1\right)q(H)$，这种情况对于顶端静剪力为零的分布荷载是正确的。因此，可以得出这样的结论，要使连续结构各端墙肢顶端存在剪力，就必然在各墙肢顶端的连接介质之间存在水平方向的集中相互作用 Q，其大小为

$$Q = -\left(\frac{I_1}{I}l - \frac{b}{2} - d_1\right)q(H) \tag{3.49}$$

这里，Q 是拉力还是压力根据顶端剪力 $S_1(H)$ 的正负确定，如果两墙肢完全相同，Q 等于 0。顶端相互作用力的大小取决于相关的结构参数，同时它们表示出了结构顶端相互作用的程度。

3.3.7　梁中轴向力

根据图 3.7 中微小墙肢单元的水平方向平衡条件，能够确定出连接介质中轴向力 n 的分布：

$$n = w\left[\frac{I_2}{I} - \frac{1}{k^2 l}\left(\frac{I_1}{I}l - \frac{b}{2} - d_1\right)F_4\right] \tag{3.50}$$

其中

$$F_4 = \frac{1}{\cosh k\alpha_1 H}[\cosh K\alpha_1 z + k\alpha_1 H \sinh k\alpha_1 (H - z)] - 1 \tag{3.51}$$

按照以上公式，可以直接计算各墙肢中的轴向力、弯矩及剪力的分布，同时还可以计算各连梁中的剪力和弯矩。

3.4　倒三角形分布荷载作用下的解

对图 3.1 所示的双肢墙，设作用一水平倒三角形分布的侧向荷载，其最大分布集度为 P。其他条件同本章 3.3 节，则外力的弯矩为

$$M = \frac{1}{6}p(H - z)^3\left(2 - \frac{z}{H}\right) \tag{3.52}$$

应用本章 3.3 节中的方法，可以得到墙肢的轴力、连梁的分布剪力以及剪力墙的侧移（推导过程略）：

$$\begin{aligned} N = \frac{pH^2}{k^2 l}\Bigg\{ & \frac{[(\sinh k\alpha_1 H) - (k\alpha_1 H/2) + (1/k\alpha_1 H)]}{(k\alpha_1 H)^2(\cosh k\alpha_1 H)} \\ & \times[\sinh k\alpha_1 (H - z)] - \frac{1}{(k\alpha_1 H)^2}[\cosh k\alpha_1 (H - z)] \\ & + \frac{1}{2}\left(1 - \frac{z}{H}\right)^2 - \frac{1}{6}\left(1 - \frac{z}{H}\right)^3 + \frac{1}{(k\alpha_1 H)^2}\left(\frac{z}{H}\right)\Bigg\} \end{aligned} \tag{3.53}$$

$$\begin{aligned} q = \frac{pH}{k^2 l}\Bigg\{ & \frac{[\sinh k\alpha_1 H - (k\alpha_1 H/2) + (1/k\alpha_1 H)]}{(k\alpha_1 H)(\cosh k\alpha_1 H)} \\ & \times[\cosh k\alpha_1 (H - z)] - \frac{1}{(k\alpha_1 H)}[\sinh k\alpha_1 (H - z)] \end{aligned}$$

$$+\left(1-\frac{z}{H}\right)-\frac{1}{2}\left(1-\frac{z}{H}\right)^{2}+\frac{1}{(k\alpha_{1}H)^{2}}\Bigg\} \tag{3.54}$$

$$y=\frac{1}{2}\frac{pH^{4}}{EI}\left[\frac{1}{60}\left(\frac{k^{2}-1}{k^{2}}\right)\left[20\left(\frac{z}{H}\right)^{2}-10\left(\frac{z}{H}\right)^{3}+\left(\frac{z}{H}\right)^{5}\right]\right.$$

$$+\frac{1}{k^{2}(k\alpha_{1}H)^{2}}\left[1-\frac{2}{(k\alpha_{1}H)^{2}}\right]\left(\frac{z}{H}\right)-\frac{1}{3}\left(\frac{z}{H}\right)^{3}$$

$$+\frac{2}{(k\alpha_{1}H)^{2}(\cosh k\alpha_{1}H)}\Bigg((\cosh k\alpha_{1}z)-1$$

$$+\left[\frac{1}{(k\alpha_{1}H)}-\frac{(k\alpha_{1}H)}{2}\right]\Bigg\{(\sinh k\alpha_{1}H)$$

$$\left.-\left[\sinh k\alpha_{1}(H-z)\right]\Bigg\}\Bigg)\right] \tag{3.55}$$

3.5 顶部集中力作用下的解

同本章 3.3 节中的方法，可得图 3.1 的联肢剪力墙在顶部作用由一水平集中力 P 时的墙肢轴力、连梁中的剪力流和侧移曲线为

$$N=\frac{PH}{k^{2}l}\left\{\left(1-\frac{z}{H}\right)-\frac{1}{(k\alpha_{1}H)(\cosh k\alpha_{1}H)}\left[\sinh k\alpha_{1}(H-z)\right]\right\} \tag{3.56}$$

$$q=\frac{P}{k^{2}l}\left[1-\frac{\left[\cosh k\varepsilon_{1}(H-z)\right]}{(\cosh k\alpha_{1}H)}\right] \tag{3.57}$$

$$y=\frac{PH^{3}}{3EI}\left\{\frac{1}{2}\left(\frac{k^{2}-1}{k^{2}}\right)\left[3\left(\frac{z}{H}\right)^{2}-\left(\frac{z}{H}\right)^{3}\right]+\frac{3}{k^{2}}\right.$$

$$\left.\times\left[\frac{1}{(k\alpha_{1}H)^{2}}\frac{z}{H}-\frac{(\sinh k\alpha_{1}H)-\sinh k\alpha_{1}(H-z)}{(k\alpha_{1}H)^{3}(\cosh kH)}\right]\right\} \tag{3.58}$$

3.6 任意高度作用水平集中力时的侧移

求解任意高度水平集中力作用下的侧移，是为了得到结构的抗侧移刚度矩阵，这种矩阵主要应用于结构的动力分析中。很多情况下，高层建筑结构的动力分析都采用剪切型模型，这种模型假定楼面在水平方向刚度无限大，这样，在同

一楼层所有竖向构件的水平侧移就可以用该层楼板的刚体位移来描述，层间水平剪力按抗侧移刚度的大小分配到各抗侧力构件上。

对联肢剪力墙结构而言，这种假定意味着连梁不产生弯曲，弯曲变形集中在剪力墙上，且每层墙肢都有反弯点。而联肢墙结构在水平荷载作用下，仅在顶部少数楼层出现反弯点，[9] 故剪切型模型的假定与实际情况有较大的出入。另外，剪切型模型假定结构在同一楼层的侧移相同，因此，其总侧移刚度为同一楼层各抗侧构件侧移刚度的和。而实际上，联肢墙在水平荷载的作用下，两墙肢一个受拉，另一个受压，其总侧移刚度并不等于两墙肢侧移刚度的简单叠加，故剪切型模型夸大了联肢墙的抗侧移刚度，导致所得到的各阶振型的振动周期较短，从而在结构设计中会低估结构的侧移，而高估地震作用。所以，有必要研究联肢墙的抗侧移刚度。为此，将结构的质量集中在楼层标高处，而将联肢墙视为一竖向不可伸长、仅有抗侧移刚度的无质量竖杆，就得到图 3.8（a）所示的振动模型。下面来推导模型的抗侧移刚度矩阵，为此，首先推导任意高度作用一水平集中力时的侧移方程。

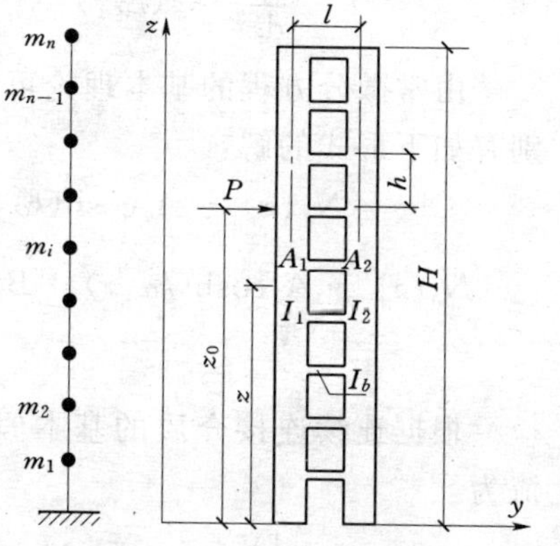

图 3.8　双肢墙分析模型

（a）振动模型；（b）剪力墙立面

考虑图 3.8（b）所示的联肢墙在高度 z_0 处作用一水平力 P。设两墙肢的截面面积和惯性矩分别为 A_1、A_2 和 I_1、I_2，连梁截面的等效惯性矩为 I_b，两墙肢截面形心之间的距离为 l，墙肢的总高度为 H，层高为 h。由式（3.11）得到墙肢在水平力作用下的微分方程为

$$l\frac{\mathrm{d}y}{\mathrm{d}z}+\frac{b^3h}{12EI_c}\frac{\mathrm{d}N}{\mathrm{d}z}-\frac{1}{E}\left(\frac{1}{A_1}+\frac{1}{A_2}\right)\int_0^z N\mathrm{d}z=0 \tag{3.59}$$

由平衡条件可得剪力墙以轴向力表达的基本微分方程为

$$\frac{\mathrm{d}^2N}{\mathrm{d}z^2}-(k\alpha_1)^2N=-\frac{\alpha_1^2}{l}M \tag{3.60}$$

式（3.60）中，荷载产生的弯矩为：当 $0<z\leqslant z_0$ 时，$M(z)=P(z_0-z)$；当 $z_0<z\leqslant H$ 时，$M(z)=0$。标记 N_a、N_b 分别为点 z_0 上、下的轴向力，则由式（3.60）得出下列关系：

当 $z_0<z\leqslant H$ 时，有

$$\frac{\mathrm{d}^2N_a}{\mathrm{d}z^2}-(k\alpha_1)^2N_a=0 \tag{3.61}$$

当 $0\leqslant z\leqslant z_0$ 时，有

$$\frac{\mathrm{d}^2N_b}{\mathrm{d}z^2}-(k\alpha_1)^2N_b=-\frac{\alpha_1^2}{l}P(z_0-z) \tag{3.62}$$

由常微分方程的基本理论可知，式（3.61）、式（3.62）分别有如下形式的解：

$$N_a(z)=A_1\cosh(k\alpha_1z)+B_1\sinh(k\alpha_1z) \tag{3.63}$$

$$N_b(z)=A_2\cosh(k\alpha_1z)+B_2\sinh(k\alpha_1z)+\frac{1}{k^2l}P(z_0-z) \tag{3.64}$$

根据连续连接介质的基本假定知，连续连接介质中的剪力流为

$$q_a(z)=-\frac{\mathrm{d}N_a}{\mathrm{d}z}=-k\alpha_1[A_1\sinh(k\alpha_1z)+B_1\cosh(k\alpha_1z)] \tag{3.65}$$

$$q_b(z)=-\frac{\mathrm{d}N_b}{\mathrm{d}z}=-k\alpha_1[A_2\sinh(k\alpha_1z)+B_2\cosh(k\alpha_1z)]+\frac{1}{k^2l}P \tag{3.66}$$

由于剪力墙只在 z_0 高度处作用一水平外力，故应满足下列边界条件和连续性条件：

$$N_a(H)=0 \tag{3.67}$$

$$N_a(z_0) = N_b(z_0) \tag{3.68}$$

$$q_a(z_0) = q_b(z_0) \tag{3.69}$$

又由式（3.57）可得

$$q_b(0) = 0 \tag{3.70}$$

由式（3.63）~式（3.70）解得各积分常数为

$$A_1 = \frac{P}{k^3\alpha_1 l}\varphi_2 \tag{3.71}$$

$$A_2 = \frac{P}{k^3\alpha_1 l}\varphi_3 \tag{3.72}$$

$$B_1 = \frac{P}{k^3\alpha_1 l}\varphi_1 \tag{3.73}$$

$$B_2 = \frac{P}{k^3\alpha_1 l_1} \tag{3.74}$$

其中

$$\varphi_1 = 1 - \cosh(k\alpha_1 z_0) \tag{3.75}$$

$$\varphi_2 = \frac{\sinh(k\alpha_1 H)}{\cosh(k\alpha_1 H)}[\cosh(k\alpha_1 z_0) - 1] \tag{3.76}$$

$$\varphi_3 = \{\sinh[k\alpha_1(H - z_0)] - \sinh(k\alpha_1 H)\}\frac{1}{\cosh(k\alpha_1 H)} \tag{3.77}$$

将所求的积分常数和系数代回式（3.63）、式（3.64）及式（3.65）、式（3.66）即可得墙肢的轴向力和剪力流的计算公式。

由弯矩和侧移曲线的曲率之间关系，并考虑平衡条件，可得联肢墙的侧移、墙肢轴向力及外荷载之间的关系：

$$EI\frac{d^2y}{dz^2} = M - lN \tag{3.78}$$

将式（3.63）和式（3.64）代入式（3.78）得点 z_0 上、下的侧移曲线微分方程

$$EI\frac{d^2y_a}{dz^2} = -l[A_1\cosh(k\alpha_1 z) + B_1\sinh(k\alpha_1 z)] \tag{3.79}$$

$$EI\frac{\mathrm{d}^2 y_b}{\mathrm{d}z^2}=\frac{k^2-1}{k^2}P(z_0-z)-l[A_2\cosh(k\alpha_1 z)+B_2\sinh(k\alpha_1 z)] \tag{3.80}$$

对式（3.79）和式（3.80）两次积分，并将式（3.71）～式（3.74）以及式（3.75）和式（3.76）代入可得

$$y_a=-\frac{P}{EI}\frac{1}{k^5\alpha^3}[\varphi_2\cosh(k\alpha_1 z)+\varphi_1\sinh(k\alpha_1 z)]+C_1 z+D_1 \tag{3.81}$$

$$y_b=\frac{P}{EI}\frac{k^2-1}{6k^2}(z_0-z)^3-\frac{P}{EI}\frac{1}{k^5\alpha^3}[\varphi_3\cosh(k\alpha_1 z)+\sinh(k\alpha_1 z)]+C_2 z+D_2 \tag{3.82}$$

式（3.81）和式（3.82）应满足下面的连续性条件及边界条件：

$$y_a(z_0)=y_b(z_0) \tag{3.83}$$

$$\frac{\mathrm{d}y_a(z_0)}{\mathrm{d}z}=\frac{\mathrm{d}y_b(z_0)}{\mathrm{d}z} \tag{3.84}$$

$$y_b(0)=0 \tag{3.85}$$

$$\frac{\mathrm{d}y_b(0)}{\mathrm{d}z}=0 \tag{3.86}$$

由式（3.81）～式（3.86）联立可解得系数：

$$C_1=\frac{P}{EI}\left[\frac{k^2-1}{2k^2}z_0^2+\frac{1}{k^4\alpha_1^2}(1+\varphi_5)\right] \tag{3.87}$$

$$D_1=\frac{P}{EI}\left[-\frac{k^2-1}{6k^2}z_0^3+\frac{1}{k^5\alpha_1^3}(\varphi_3+\varphi_4-k\alpha_1 z_0\varphi_5)\right] \tag{3.88}$$

$$C_2=\frac{P}{EI}\left[\frac{k^2-1}{2k^2}z_0^2+\frac{1}{k^4\alpha_1^2}\right] \tag{3.89}$$

$$D_2=\frac{P}{EI}\left[-\frac{k^2-1}{6k^2}z_0^3+\frac{1}{k^5\alpha_1^3}\varphi_3\right] \tag{3.90}$$

其中

$$\varphi_4=(\varphi_2-\varphi_3)\cosh(k\alpha_1 z_0)+(\varphi_1-1)\sinh(k\alpha_1 z_0) \tag{3.91}$$

$$\varphi_5=(\varphi_2-\varphi_3)\sinh(k\alpha_1 z_0)+(\varphi_1-1)\cosh(k\alpha_1 z_0) \tag{3.92}$$

将式（3.87）～式（3.90）及系数 $\varphi_1\sim\varphi_5$ 代入式（3.81）

和式（3.82）可以得到双肢联肢墙在任意高度处 z_0 作用一侧向荷载 P 时的侧移曲线如下：

当 $z_0 < z \leqslant H$ 时，有

$$y_a = \frac{P}{EI}\left\{\frac{k^2-1}{6k^2}(3zz_0^2 - z_0^3) + \frac{1}{k^4\alpha_1^2}z_0 - \frac{1}{k^5\alpha_1^3}\right.$$
$$\left.\times\frac{[\cosh(k\alpha_1 z_0)-1]\sinh[k\alpha_1(H-z)] + \sinh(k\alpha_1 H) - \sinh[k\alpha_1(H-z_0)]}{\cosh(k\alpha_1 H)}\right\} \quad (3.93)$$

当 $0 \leqslant z \leqslant z_0$ 时，有

$$y_b = \frac{P}{EI}\left\{\frac{k^2-1}{6k^2}(3z_0z^2 - z^3) + \frac{1}{k^4\alpha_1^2}z - \frac{1}{k^5\alpha_1^3}\right.$$
$$\left.\times\frac{[\cosh(k\alpha_1 z)-1]\sinh[k\alpha_1(H-z_0)] + \sinh(k\alpha_1 H) - \sinh[k\alpha_1(H-z)]}{\cosh(k\alpha_1 H)}\right\} \quad (3.94)$$

式（3.94）中，令 $z_0 = H$，即得顶点作用一水平集中荷载时的侧移方程式（3.58）。

令单位力 $P=1$ 作用在高度 z_i 处，则在 z_j 高度处引起的水平侧移即侧移柔度系数可由式（3.91）和式（3.92）得出下列关系：

当 $0 \leqslant z_j \leqslant z_i$ 时，有

$$\delta_{ji} = \frac{1}{EI}\left\{\frac{k^2-1}{6k^2}(3z_iz_j^2 - z_j^3) + \frac{1}{k^4\alpha_1^2}z_j - \frac{1}{k^5\alpha_1^3}\right.$$
$$\left.\times\frac{[\cosh(k\alpha_1 z_j)-1]\sinh[k\alpha_1(H-z_i)] + \sinh(k\alpha_1 H) - \sinh[k\alpha_1(H-z_j)]}{\cosh(k\alpha_1 H)}\right\} \quad (3.95)$$

当 $z_i \leqslant z_j \leqslant H$ 时，有

$$\delta_{ji} = \frac{1}{EI}\left\{\frac{k^2-1}{6k^2}(3z_jz_i^2 - z_i^3) + \frac{1}{k^4\alpha_1^2}z_i - \frac{1}{k^5\alpha_1^3}\right.$$
$$\left.\times\frac{[\cosh(k\alpha_1 z_i)-1]\sinh[k\alpha_1(H-z_j)] + \sinh(k\alpha_1 H) - \sinh[k\alpha_1(H-z_i)]}{\cosh(k\alpha_1 H)}\right\} \quad (3.96)$$

由此可得柔度矩阵 $[\delta]=[\delta_{ij}]_{n\times n}$，刚度矩阵 $[K]=[\delta]^{-1}$。

第4节 多肢墙的计算

考虑如图 3.9 所示的多肢联肢剪力墙，其分析模型见图 3.10。设墙肢 i 的横截面面积、惯性矩分别为 A_i 、I_i ；第 i 列连梁的横截面惯性矩为 I_{bi}（$i=1,2,\cdots,n$）。对于第 i 列连梁，由墙肢弯曲所引起的相对竖向位移为

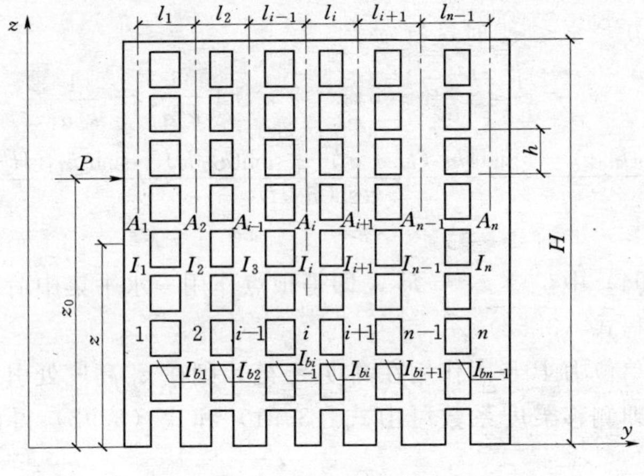

图 3.9 带有 n 个墙肢的短肢剪力墙立面

$$\delta_{i1}=l_i\frac{\mathrm{d}y}{\mathrm{d}z} \tag{3.97}$$

由连梁弯曲所引起的相对竖向位移为

$$\delta_{i2}=-\frac{b_i^3h}{12EI_{bi}}q_i \tag{3.98}$$

由墙肢轴向力所引起的相对竖向位移为

$$\delta_{i3}=-\frac{1}{E}\int_0^z\left(\frac{N_i}{A_i}-\frac{N_{i+1}}{A_{i+1}}\right)\mathrm{d}z \tag{3.99}$$

而连梁中点处的连续条件为 $\delta_{i1}+\delta_{i2}+\delta_{i3}=0$ ，因此由式(3.97)～式（3.99）得

$$l_i\frac{\mathrm{d}y}{\mathrm{d}z}-\frac{b_i^3h}{12EI_{bi}}q_i-\frac{1}{E}\int_0^z\left(\frac{N_i}{A_i}-\frac{N_{i+1}}{A_{i+1}}\right)\mathrm{d}z=0 \tag{3.100}$$

这里，设轴向力 N_i 和连续连接介质中的竖向分布剪力流的正向与竖向坐标轴 z 的正向相同。

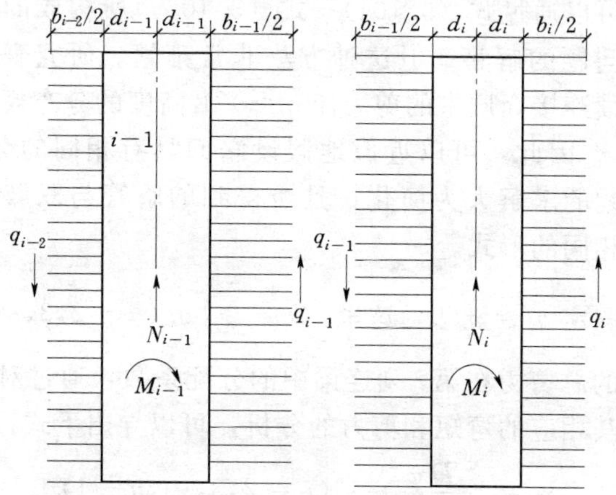

图 3.10　多肢短肢剪力墙的分析模型

显然，各墙肢的轴向力可以表达为

$$N_i = \int_z^H (q_i - q_{i-1})\mathrm{d}z \quad (i = 2,3,\cdots,n-1) \tag{3.101}$$

$$N_1 = \int_z^H q_1 \mathrm{d}z \tag{3.102}$$

$$N_n = \int_z^H (-q_n)\mathrm{d}z \tag{3.103}$$

在任一高度 z，外加水平荷载引起的弯矩为 M、墙肢的弯曲所引起的反弯矩、墙肢的轴向力以及连梁的轴向力所引起的弯矩之间应满足下列关系：

$$EI_1 \frac{\mathrm{d}^2 y}{\mathrm{d}z^2} = M - \left(\frac{b_1}{2} + d_1\right)\int_z^H q_1 \mathrm{d}z - M_{a1} \tag{3.104}$$

$$EI_i \frac{\mathrm{d}^2 y}{\mathrm{d}z^2} = -\left(\frac{b_{i-1}}{2} + d_i\right)\int_z^H q_{i-1}\mathrm{d}z - \left(\frac{b_i}{2} + d_i\right)\int_z^H q_i \mathrm{d}z + M_{ai-1} - M_{ai} \quad (i = 2,3,\cdots,n-1) \tag{3.105}$$

$$EI_n \frac{\mathrm{d}^2 y}{\mathrm{d}z^2} = -\left(\frac{b_{n-1}}{2} + d_n\right)\int_z^H q_{n-1}\mathrm{d}z + M_{an-1} \tag{3.106}$$

式中：M_{ai}（$i=2,3,\cdots,n-1$）为连梁的轴向力在墙肢中引起的弯矩。

当然可以通过式（3.104）~式（3.106）所构成的微分方程组来得到问题的解答，但这种方法非常雍繁。研究表明，各列连梁或连续连接介质中的剪力流 $q_i(z)$ 沿高度的分布规律基本上是相似的，[6]因此，可以近似地假设它们具有相同的分布规律，从而使问题的求解大为简化，且所得到的解答与双肢剪力墙的解答具有相同的形式。

引入假定 $q_i=\eta_i Q$，这里，$Q=\sum_{i=1}^{n-1}q_i$（$i=2,3,\cdots,n-1$）。η_i 为连梁的总剪力在第 i 列连梁中的分配系数，通过对连梁的变形以及与其相应的弯矩和剪力的分析，可以导出下式：

$$\eta_i=\frac{D_i\varphi_i}{\sum_{i=1}^{n-1}D_i\varphi_i}\quad(i=2,3,\cdots,n-1)\tag{3.107}$$

其中$D_i=\dfrac{2l_i^2}{b^3}I_{bi}$

$$\varphi_i=\frac{1}{1+\dfrac{\alpha}{4}}\left[1+\frac{3}{2}\alpha\frac{r_i}{B}\left(1-\frac{r_i}{B}\right)\right]\quad(i=2,3,\cdots,n-1)$$

$$\alpha=H\sqrt{\frac{12}{\tau hI}\sum_{i=1}^{n-1}\frac{I_b b_i^2}{l_i^3}}$$

式中：B 为剪力墙的总宽度；r_i 为第 i 列连梁的跨中到剪力墙左边缘的距离；α 为多肢墙的整体性系数；τ 为系数，对于3肢或4肢墙取0.8，5~7肢墙取0.85，大于8肢的剪力墙取0.9。

由式（3.100），并考虑到式（3.102）和式（3.103），对式（3.101）依次令 $i=2,\cdots,n-1$，并求和，则有

$$\left(\sum_{i=1}^{n-1}l_i\right)\frac{\mathrm{d}y}{\mathrm{d}z}-\left(\sum_{i=1}^{n-1}\frac{\eta_i b_i^3 h}{12EI_{bi}}\right)Q-\frac{1}{E}\left(\frac{\eta_1}{A_1}-\frac{\eta_n}{A_n}\right)\int_0^z\int_z^H Q\mathrm{d}z\mathrm{d}z=0\tag{3.108}$$

令 $N=\int_z^H Q\mathrm{d}z$，可以得到

$$Q = -\frac{\mathrm{d}N}{\mathrm{d}z} \tag{3.109}$$

则式（3.108）可写为

$$\Big(\sum_{i=1}^{n-1} l_i\Big)\frac{\mathrm{d}y}{\mathrm{d}z} + \Big(\sum_{i=1}^{n-1} \frac{\eta_i b_i^3 h}{12EI_{bi}}\Big)\frac{\mathrm{d}N}{\mathrm{d}z} - \frac{1}{E}\Big(\frac{\eta_1}{A_1} - \frac{\eta_n}{A_n}\Big)\int_0^z N\mathrm{d}z = 0 \tag{3.110}$$

类似地，由式（3.104）～式（3.106），依次令 $i=2,\cdots,n-1$，并求和得

$$EI\frac{\mathrm{d}^2 y}{\mathrm{d}z^2} = M - \Big(\sum_{i=1}^{n-1} \eta_i l_i\Big)N \tag{3.111}$$

其中 $$I = \sum_{i=1}^{n} I_i$$

式（3.108）和式（3.109）中消去 $\mathrm{d}^2 y/\mathrm{d}z^2$ 项得

$$\frac{\mathrm{d}^2 N}{\mathrm{d}z^2} - (k\alpha_1)^2 N = -\frac{\alpha_1^2}{l}M \tag{3.112}$$

其中

$$\alpha_1^2 = \frac{12\sum_{i=1}^{n-1} l_i \sum_{i=1}^{n-1} \eta_i l_i}{hI\sum_{i=1}^{n-1} \frac{\eta_i b_i^3}{I_{bi}}},\ k^2 = 1 + \frac{(A_1\eta_n + A_n\eta_1)I}{A_1 A_n \sum_{i=1}^{n-1} l_i \sum_{i=1}^{n-1} \eta_i l_i},\ l = \sum_{i=1}^{n-1} \eta_i l_i \tag{3.113}$$

值得注意的是，式（3.112）和式（3.60）的形式完全相同，但变量 N、α_1、k 以及参数 l 的意义不同，而外荷载所形成的弯矩 M 与双肢短肢剪力墙的情况是完全相同的。采用与解双肢墙相同的方法，记下标 a、b 分别表示集中力作用点 z_0 上部、下部的解答值，则由式（3.101）和式（3.102）以及式（3.109），可得式（3.111）的边界条件为 $N_a(H)=0$，$N_a(z_0)=N_b(z_0)$，$Q_a(z_0)=Q_b(z_0)$ 和 $Q_b(0)=0$。因此，只要用式（3.113）中的三项替换式（3.93）和式（3.94）中相应的参数，就可以得到多肢联肢剪力墙的解答。

第5节 计算实例

上述理论都是在假设剪力墙的性质沿高度方向为常量的情况下得到的，因此，上述方法仅适用于建筑高度具有均匀特征值的结构。但实际上，高层剪力墙结构的性质沿高度方向常常是变化的，在这种情形下，可以通过对剪力墙竖向特征值的合理平均，然后应用上述方法求解。所以，上述方法对非均匀结构也具有指导作用。

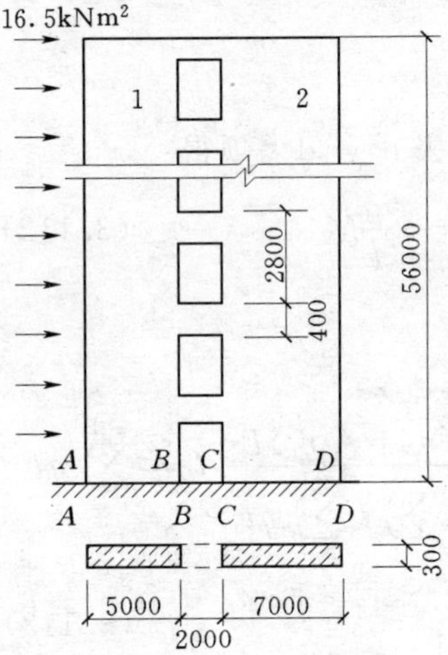

图 3.11 结构实例

下面用一个例子来说明这种方法的应用。[13] 如图 3.11 所示，一典型的 20 层平面联肢墙，设受到分布集度为 16.5kN/m^2 的均布荷载作用，结构尺寸见图 3.11。求各墙肢基底截面应力，任意连梁中最大剪力及最大弯矩，顶端最大水平位移。

1. *计算各墙肢截面面积和惯性矩以及连梁的惯性矩*

需要说明的是，连梁的截面惯性矩可按梁整截面尺寸求毛截面值，如果要考虑混凝土开裂的影响需再给予降低，可以取混凝土开裂后的刚度。

墙肢截面特征值：

$$I_1 = \frac{1}{12} \times 5^3 \times 0.3 = 3.125\text{m}^4$$

$$I_2 = \frac{1}{12} \times 7^3 \times 0.3 = 8.575\text{m}^4$$

$$I = I_1 + I_2 = 11.7\text{m}^4$$

$$A_1 = 5 \times 0.3 = 1.5\text{m}^2$$

$$A_2 = 5 \times 0.3 = 1.5\text{m}^2$$

$$A = A_1 + A_2 = 1.5 + 2.1 = 3.6\text{m}^2$$

两墙肢截面形心之间的距离：

$$l = 8\text{m}$$

假定连梁的全截面有效，则

$$I_b = \frac{1}{12} \times 0.4^3 \times 0.3 = 1.6 \times 10^{-3}\text{m}^4$$

假定混凝土泊松比 $\upsilon = 0.15$，剪切模量为

$$G = \frac{E}{2(1+\upsilon)} = \frac{E}{2.3}$$

根据式（3.7）得

$$r = \frac{12 \times E \times 1.6 \times 10^{-3} \times 1.2}{2^2 \times 0.4 \times 0.3 \times E/2.3} = 0.1104$$

有效惯性矩为

$$I_c = \frac{1.6 \times 10^{-3}}{1.1104} = 1.441 \times 10^{-3}\text{m}^4$$

考虑墙肢和梁相交处墙肢的连梁的弹性约束对连梁刚度的影响，连梁的计算长度为

$$l_b = 2 + \frac{1}{2} \times 0.4 = 2.2\text{m}$$

2. 计算结构参数 k 和 $k\alpha_1 H$

$$k^2 = 1 + \frac{AI}{A_1 A_2 l^2} = 1 + \frac{3.6 \times 11.7}{1.5 \times 2.1 \times 8^2} = 1.2089$$

$$k = 1.0995$$

$$\alpha_1^2 = \frac{12 I_c l^2}{b^3 h I} = \frac{12 \times 1.441 \times 10^{-3} \times 8^2}{2.2^3 \times 2.8 \times 11.7} = 3.1725 \times 10^{-3}$$

$$\alpha_1 = 0.05633\text{m}^{-1}$$

$$k\alpha_1 H = 1.0995 \times 0.05633 \times 56 = 3.468$$

$$1/k^2 = 0.827$$

可以证明，对于双肢墙，系数 $k\alpha_1 H$、k 与整体性系数 α、

肢强系数 ζ 分别满足下列关系：

$$\alpha = k\alpha_1 H, \zeta = \frac{1}{k^2}$$

可见，该剪力墙满足联肢墙条件，且连梁较弱而墙肢很强，是一种强肢弱梁型的联肢墙。

3. 计算水平荷载在高度 z 处产生的弯矩

$$M(z) = \frac{1}{2}w(H-z)^2$$

设该层独立悬臂作用承担的弯矩百分比为 K_1，组合悬臂作用承担的弯矩百分比为 K_2。在各墙肢上弯矩的单独作用与其惯性矩成正比。

则 K_1 和 K_2 为[13]

$$K_1 = 42\%, K_2 = 58\%$$

基底总弯矩为

$$\frac{1}{2} \times 16.5 \times 56^2 = 25872\text{kN} \cdot \text{m}$$

独立悬臂作用在基底产生的弯矩为

$$0.42 \times 25872 = 10866\text{kN} \cdot \text{m}$$

作用在墙肢 1 和墙肢 2 上的弯矩分别为

$$M_1 = 3.125/11.70 \times 10866 = 2902\text{kN} \cdot \text{m}$$

$$M_2 = 8.575/11.70 \times 10866 = 7964\text{kN} \cdot \text{m}$$

组合悬臂作用在基底产生的弯矩为

$$0.58 \times 25872 = 15006\text{kN} \cdot \text{m}$$

4. 计算组合横截面的惯性矩 I_g

组合截面有效组合惯性矩为

$$I_z = 3.125 + 8.575 + \frac{1.5 \times 2.1}{3.6} \times 8^2 = 67.70\text{kN} \cdot \text{m}^4$$

利用普通梁理论，将独立及组合悬臂作用下的应力叠加并取拉应力为正便可求出重点位置 A、B、C、D 的应力如下：

$$\sigma_A = \frac{2902 \times 2.5}{3.125} + \frac{15006 \times 7.167}{67.70} = 3910\text{kN/m}^2$$

$$\sigma_B = \frac{2902 \times 2.5}{3.125} + \frac{15006 \times 2.167}{67.70} = -1841\text{kN/m}^2$$

$$\sigma_C = -\frac{7964 \times 3.5}{8.575} + \frac{15006 \times 0.167}{67.70} = 3288\text{kN/m}^2$$

$$\sigma_D = -\frac{7964 \times 3.5}{8.575} + \frac{15006 \times 6.83}{67.70} = -4765\text{kN/m}^2$$

如果墙体为非联肢，其受力性能类似于独立悬臂构件，则相应的基底应力为

$$\sigma_A = \sigma_B = 5528\text{kN/m}^2$$

$$\sigma_C = \sigma_D = 7739\text{kN/m}^2$$

以上结果说明，由于联肢作用使两片墙肢内实际应力得以降低。

5. 连梁的内力

根据图 3.5，求最大剪力流系数 F_2（max）及受荷载作用最大的梁中剪力 $q_{max}h$，可能产生的最大弯矩为 $q_{max}hb/2$。

上述步骤有可能过高估计了梁中的剪力和弯矩，其数值大小取决于层间高度。如果需要进行更精确的计算，可以将受荷载作用最大的梁的位置用其实际位置表示在图 3.5 中，最大剪力根据剪力流曲线中与层高有关的面积得出。

根据图 3.5，当 $z/H = 0.39$ 时，最大剪力系数 $k\alpha^1 H = 3.468$，F_2（max）$=0.381$，根据式（3.32）可计算出最大剪力流 q_{max} 值：

$$q_{max} = 16.5 \times \frac{56}{8} \times \frac{1}{1.209} \times 0.381 = 36.39\text{kN/m}$$

所以，连梁中可能产生的最大剪力为

$$Q_{max} = q_{max}h\frac{b}{2} = 101.9 \times 1 = 101.9\text{kN/m}$$

连梁中可能产生的最大弯矩为

$$M_{max} = (q_{max}h)\frac{b}{2} = 101.9 \times 1 = 101.9\text{kN} \cdot \text{m}$$

此外，如果将 20 根连梁的位置表示在图 3.5 的剪力流图中，受荷载作用最大的梁位于第 8 层，剪力流系数 F_2 沿层高的平均值为 0.380，最大剪力为

$$Q_{max} = 36.30 \times 2.8 = 101.6\text{kN}$$

梁中最大弯矩为

$$Q_{max} = 101.6 \times 1 = 101.6\text{kN} \cdot \text{m}$$

6. 顶端最大水平位移

根据图 3.6 求位移系数 F_3，然后按照式（3.38）可以计算出结构顶端最大水平位移。由图 3.6，$k\alpha_1 H = 3.468$，$k=1.0995$，最大水平位移系数 $F_3=0.333$。也就是说，如果无连系梁时 $F_3=1$，而有连系梁时结构刚度将增加到 300%。

假设混凝土的弹性模量为 36kN/mm²，根据式（3.38），顶端最大水平位移为

$$y_{max} = \frac{1}{8} \times \frac{16.5 \times 564}{36 \times 10^6 \times 11.7} \times 0.333 = 0.016\text{m}$$

无连系梁连接时顶端最大水平位移为

$$y_{max} = 0.048\text{m}$$

7. 各墙肢中轴向力 N 沿建筑高度的变化

由式（3.28）计算或利用图 3.4 的 F_1 值直接确定各层的 N 值。各墙肢中的弯矩由式（3.34）和式（3.35）计算出。

为了说明轴向力在降低各墙肢中由水平荷载引起的弯矩中所起的作用，将已经计算出的各数值示于图 3.12 中。曲线表明，在上半部墙肢中出现了一定数量的负弯矩，这是由于连梁的约束造成墙肢中的局部弯矩较大的结果。而剪力墙的下半部墙肢中，轴向力增加，连梁约束作用产生的局部弯曲相对较小，墙肢的弯矩主要表现为由轴向力引起的整体弯矩。可见，联肢墙的受力性能比普通悬臂墙体复杂得多，联肢作用带来的有利影响非常明显。

8. 墙肢中的剪力

由式（3.44）和式（3.45），基底截面受到的荷载作用最

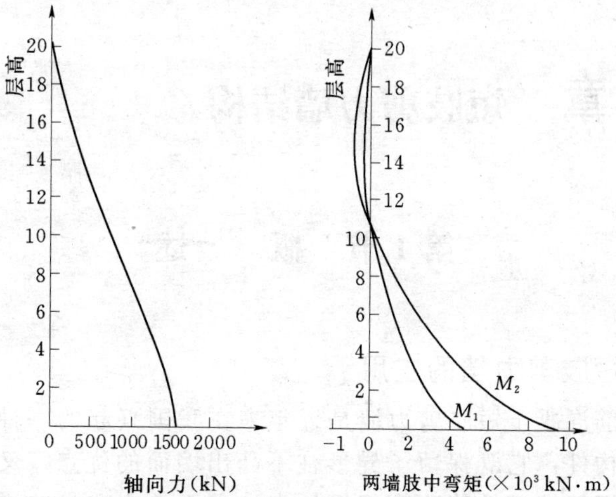

图 3.12　墙肢的轴力和弯矩

大，总剪力按照各墙肢的抗弯刚度大小分配。各墙肢的基底剪力为

$$S_1 = 16.5 \times 56 \times \frac{3.125}{11.7} = 246.8\text{kN}$$

$$S_2 = 16.5 \times 56 \times \frac{8.575}{11.7} = 677.2\text{kN}$$

第4章　短肢剪力墙结构

第1节　概　　述

1.1　短肢剪力墙的应用

钢筋混凝土短肢剪力墙是近年来在我国兴起的一种新型的抗侧力构件，它既保留了异形柱不凸出墙面的优点，又克服了异形柱框架抗震性能不理想等缺点。由于住宅需求的增加和用于建造住宅的土地供应紧张，高层住宅成为众多开发商的首选。与普通的剪力墙相比，短肢剪力墙门窗洞口更大，可以较好地满足住宅建筑的采光与通风要求，增加使用面积，造价更低，且结构自重更小，所以目前建造的20层以下的住宅基本上都选用了短肢剪力墙结构体系。这种结构体系通常都是利用中部的竖向交通区设置较多的剪力墙，组成一个较为完整的或基本完整的筒体。也可以将由竖向交通区所构成的混凝土筒设置在结构外边，而靠中间的楼梯间可用混凝土剪力墙构成一个相对完整的半开放的筒体。[3]这一部分的结构布置与建筑平面的划分较容易达成一致，易于实现。至于外围部分，可以根据建筑的要求而定。因为住宅建筑对平面的划分要求比一般的商业建筑、办公建筑以及旅馆建筑要求更高，房间的顶板不宜有梁，墙角不宜有柱子突出，所以住宅建筑通常都在核心筒的外围布置混凝土结构墙（习惯上称为剪力墙）。这种墙在建筑上起到对建筑平面的分隔作用，在结构上，既可以承受竖向荷载，又可以抵抗水平地震作用。图4.1为两幢层数为11层的住宅楼标准层平面，可以看出，短肢剪力墙结构体系可以很好地满足建筑功能方面的要求。

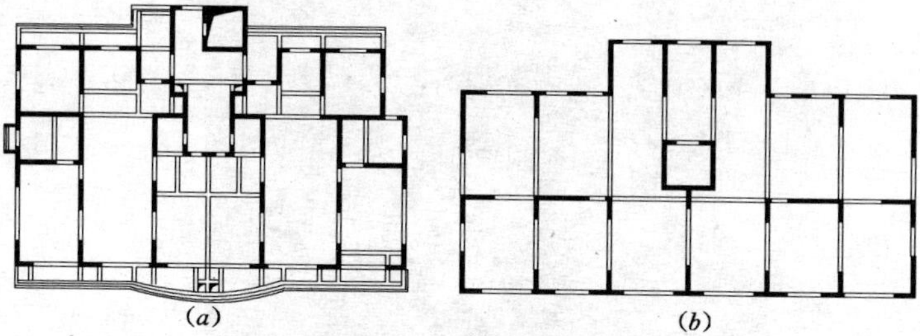

图 4.1　短肢剪力墙住宅楼的标准层平面

(a) 核心筒在最外边；(b) 核心筒在中间

图 4.2 为南京某住宅小区的鸟瞰图模型，其中大多数的住宅楼都是 11 层，结构体系都采用了短肢剪力墙结构体系。可以看出，短肢剪力墙结构与普通的多层住宅一起，使小区空间层次错落有致，更加丰富。图 4.3 为该小区中典型的短肢剪力墙住宅模型，图 4.4 为本文作者设计的某住宅小区内的 11 层短肢剪力墙结构住宅。此外，短肢剪力墙结构在城市沿街的商住楼的建造中也得到了应用，图 4.5 为一幢沿街建造的商住楼，该结构的底部 4 层由于商业用途需要大开间，采用框架结构；上部为住宅，采用短肢剪力墙结构体系，在第 4 层设置梁式转换层。结构的两端山墙和过街楼处设普通混凝土抗震墙，所有的电梯井做成混凝土核心筒。由于短肢墙的侧移刚度比较小，使转换层上下的刚度比更容易控制，因而这种结构体系的受力性能优于普通的框支剪力墙结构体系。

与普通的剪力墙相比，短肢剪力墙结构体系具有以下特点：

(1) 布置灵活，建筑功能容易满足，尤其适用于建造 11～20 层住宅，即所谓的小高层住宅，且造价相对于普通的剪力墙结构较低。

(2) 可以开较大的洞口，结构自重比较轻。故侧移刚度较小、结构柔，地震作用较小；建筑上可以获得良好的采光与通风效果。

图 4.2 南京某住宅小区的短肢剪力墙结构住宅

图 4.3　典型的短肢剪力墙结构住宅

图 4.4　某 11 层短肢剪力墙结构住宅

（3）短肢剪力墙一般为高剪力墙，故水平荷载作用下墙体的破坏一般都呈弯曲型。同时连梁的跨高比大，故连梁的破坏也呈弯曲型。所以，短肢剪力墙具有较大的延性。

图 4.5　带转换层的短肢剪力墙商住楼

由于这种结构出现较晚，所以目前对它的研究还不多。由文献检索知，国外还没有关于短肢剪力墙的文献和工程报道，国内发表的论文也不多。其中，只有为数不多的几篇从理论或试验上对短肢剪力墙的力学性能、动力特性等几个方面进行了分析，对工程设计有一定的指导意义[3,8～10,36～38]。

我国《高层建筑混凝土结构技术规程》规定，短肢剪力墙是指墙肢截面的高度与厚度之比为 5～8 的剪力墙。但由于缺少研究，仅对短肢剪力墙的布置、抗震等级及其轴压比限值等比普通的剪力墙采取了更严格的限制。而对短肢剪力墙的计算模型、适用高度和构造措施等没有作明确的说明。因此，对短肢剪力墙结构的力学性能、破坏形态、抗震性能以及设计方法等进行系统的研究，形成一套完整的设计理论，是建筑工程设计中急需解决的课题。

本章就这种结构的力学性能、动力特性以及在水平荷载作用下的弹塑性过程和破坏形态等方面，简要介绍程文瀼教授和作者本人在这一领域的一些研究成果，希望能为工程设计提供一些依据。

1.2 国内外的研究现状

短肢剪力墙结构是由我国工程技术人员提出的一种结构体系，目前可查的文献中未见国外有这一方面的研究成果发表。国内正式发表的文献最早见于 1999 年，[3] 此后国内有些学者和工程师对这一结构体系做了一些研究。

1.2.1 关于短肢剪力墙的定义

文献［3］首先正式提出短肢剪力墙结构体系，并扼要叙述了这种结构体系的构成、特点和设计原则。文献指出，短肢剪力墙是指肢高厚比为 4~6 的剪力墙，它是介于异形框架柱（肢高厚比为 2~4）和一般剪力墙（肢高厚比大于 6）之间的一种剪力墙。

我国现行《高层建筑混凝土结构技术规程》对短肢剪力墙的定义为：短肢剪力墙是指墙肢截面高度与厚度之比（肢高厚比）为 5~8 的剪力墙。即短肢剪力墙应满足 $5\leqslant h_c/b_w\leqslant 8$，$h_c$ 为墙肢截面的高度，b_w 为墙肢截面的厚度。

上述文献都没有说明其定义的理由。文献［8］综合考虑了整体小开口墙、联肢墙和壁式框架的受力性能，从经济与安全的角度出发，提出应将短肢剪力墙设计成联肢墙。并提出用联肢墙的整体性系数 α 和另一个表征墙肢强弱的系数即肢强系数 ζ 来界定短肢剪力墙。指出，短肢剪力墙是满足条件 $\alpha<10$ 和 $I_n/I\leqslant[\zeta]$ 的联肢剪力墙，而满足 $\alpha>10$，但不满足 $I_n/I\leqslant[\zeta]$ 的为壁式框架，两者的受力性能，特别是抗震性能有很大差别。这里，I 为剪力墙对组合截面形心的惯性矩，I_n 为各墙肢截面面积对组合截面形心二次矩之和。条件 $I_n/I\leqslant[\zeta]$ 可用肢高厚比 $\beta=h_c/b_w$ 的最小限值 $[\beta]$ 来表达。这样短肢剪力墙的最小肢高厚比应满足 $\beta\geqslant[\beta]$。影响 $[\beta]$ 值的主要因素是楼层数、肢距和连梁高度。可见，短肢剪力墙是介于联肢墙与异形框架柱之间的属于联肢墙的一种界限情况。与一般的联肢墙相比，它的墙肢截面高度要短一些，但它仍属于剪力墙的范畴，就像界限配筋梁也属于适筋梁的范畴一样。

文献［9］依据文献［8］的思想，从条件 $\alpha<10$、$I_n/I\leqslant[\zeta]$ 出发，导出了短肢剪力墙的最小肢高厚比公式，并编制了设计表格。表格给出的短肢剪力墙的最小肢高厚比大多在 5～8 之间，它与剪力墙的层数、层高、连梁截面高度、墙肢截面高度以及洞口的尺寸有关。

综上所述，本书对短肢剪力墙的定义为：短肢剪力墙是满足条件 $\alpha<10$ 和 $I_n/I\leqslant[\zeta]$ 的一种联肢剪力墙。

1.2.2　理论分析

关于短肢剪力墙的理论分析还不多。但根据本文所采用的文献［8］对短肢剪力墙的定义，联肢剪力墙的理论完全适用于短肢剪力墙。

国外对联肢墙理论的研究比较早，[14～16] 早期的研究多为分析方法的研究，在计算机普遍应用于结构分析之前，人们多采用解析法求解联肢墙问题，其中应用最广泛的是由 Chitty 于 1947 年提出的所谓的连续连接介质法，[16] 许多学者基于这种方法对联肢墙进行了静力或动力分析。[17～21] 前南斯拉夫学者 Rosman 于 1964 年应用这种方法[17] 将沿剪力墙高度规则分布的连梁等效为均匀分布在两墙肢之间的连续连接介质，并假定在水平荷载作用下，连梁的反弯点在其跨中，墙肢和连梁的特征值沿墙高为常量，由平衡条件、协调条件（连梁反弯点竖向位移为零）得到联肢墙在水平荷载作用下的控制微分方程，求得了联肢墙在顶点集中荷载作用下的近似解。因此，有些文献将连续连接介质法称为 Rosman 方法。[5]

在许多情况下，联肢墙在水平荷载作用下的变形不仅有墙平面内的侧向变形，还有墙的扭曲所引起的平面外变形。对上述平面内或平面外问题的研究，20 世纪 60～70 年代曾有大量的文献发表。Rosman 对受扭转作用的联肢墙进行了分析，[18] Michael 对一个有两个相同通道组成的有连梁连接的核心筒进行了扭转分析，[21] Gluck 应用连续连接介质方法，考虑弯曲和扭转的作用，对水平荷载作用下的联肢剪力墙进行了分析。[22] 但是，由于忽略了轴向变形，加上所应用的薄墙梁理论（Thin-walled beam theory）的不完善，Gluck 所得出的刚度矩阵是错误的。[23] Coull 应用连续连接介质法得出了在水平分布的倒三角形荷载和顶点水平集中荷载作用下联肢墙的内力和侧移解，并给出了设计曲线。[13] 在联肢墙的分析方面，还可以提及 Park[24] 的工作。

对联肢墙的动力特性、墙与地基及基础的相互作用以及带刚性梁的联肢墙等方面的研究，也有大量的文献发表，[25~35] 这些研究所应用的方法大多都采用了 Chitty 连续连接介质法或有限单元法，也有的是将这两种方法结合起来，尤其是在动力特性的分析方面。

国内对联肢墙的分析基本上都是应用 Chitty 连续连接介质法（Rosman 方法），[2,4,5,12] 得到的控制微分方程是以连梁的分布弯矩为基本未知函数，求得了联肢墙在水平均布荷载、倒三角形分布荷载和顶点集中荷载作用下的解，这些成果已经应用于工程设计。

对短肢剪力墙的理论研究是最近几年的事。除前面所提到的文献外，文献［37］建立了短肢剪力墙结构层间侧移计算力学模型——带刚域的十字形梁柱组合单元。在考虑了梁、柱弯曲、剪切变形影响的基础上，推导出层间屈服侧移、极限侧移及层延性的计算公式，并对实际算例的安全可靠度进行了评价。本书作者对短肢剪力墙进行了弹塑性分析，研究了这种结构的弹塑性性能。

1.2.3 试验研究

联肢剪力墙的试验研究已有很多文献发表。文献［24］对双肢联肢墙进行了低周反复荷载的试验，研究了连梁的破坏与跨高比的关系，提出了改进连梁延性的方法。文献［39］通过普通双肢联肢墙与带摩阻控制装置的双肢联肢墙的振动台对比试验，研究了这两种剪力墙的抗震性能，指出，在连梁中设置摩阻控制装置可以延迟剪力墙非线性状态的出现，大大改善联肢墙的抗震性能。此外，为了改善连梁的延性和防止脆性破坏，有一些学者提出了一种带缝槽连梁的连肢墙，[40～42]这种连梁在缝槽中设置素混凝土键，试验表明这种连梁具有较好的延性和较大的强度和刚度。为了验证整体小开口墙和联肢墙的判别标准，文献［5］进行了8榀4～10层的双肢、多肢剪力墙的光弹试验，同时还进行了6层钢筋混凝土模型和12层的石膏模型试验。

短肢剪力墙的试验研究方面，文献［28］研究了短肢剪力墙-筒体结构体系的抗震性能。采用数种地震波形，对一栋采用这种结构体系的30层高楼模型（缩比为1/20）进行了模拟多种烈度地震振动台试验。获得了加速度、动力放大系数、位移以及不同烈度地震作用下结构振型的变化。试验结果表明，该体系不仅使用性能好，而且具有良好的抗震性能，是一种很值得在7度地震区、20～30层高层住宅建筑中推广采用的结构体系。同时文中对该体系的设计方法提出了进一步改进的建议。文献［38］就某高层建筑短肢剪力墙结构的抗震性能，进行了1/20缩尺的整体结构模型振动台模拟地震试验。在模拟设防烈度和罕遇大地震作用的试验阶段，通过对模型开裂部位、裂缝发展和破坏状态的观察分析，提出了短肢剪力墙结构体系的设计建议。振动台模拟地震试验结果表明，短肢剪力墙结构具有受力均匀、抗震性能好的优点，地震区建造此类结构是可行的。

第2节　短肢剪力墙的最小肢高肢厚比

剪力墙按其高度与宽度的比值可分为低剪力墙、中高剪力墙和高剪力墙三种，[5,43,44]本章所说的短肢剪力墙只限于后两种。

如前所述，具有规则洞口的剪力墙，它的受力性能与洞口的形状和大小密切相关。而洞口的大小直接关系到结构的经济指标。洞口面积大，耗材少，经济性好。按照两个参数，即 α 和 ζ，把这种剪力墙分为整体小开口墙、联肢墙和壁式框架三类。其中，系数 α 是反映连梁对墙肢总约束刚度的参数，称为整体性系数；系数 ζ 反映了墙肢相对于组合截面的强弱，本书称之为肢强系数。当 $\alpha \geqslant 10$，$\zeta \leqslant [\zeta]$ 时为整体小开口墙；当 $\alpha < 10$，$\zeta < [\zeta]$ 时为联肢墙；当 $\alpha > 10$，$\zeta > [\zeta]$ 时为壁式框架。整体小开口剪力墙的力学性能接近整截面墙，水平力作用下，墙体的变形以整体弯曲为主，大多数楼层的墙肢没有反弯点，侧向刚度大，但洞口面积小，经济指标差些。

壁式框架的连梁约束刚度很大，墙肢相对较弱，在侧向荷载作用下墙肢以局部弯曲为主，几乎每层墙肢都有反弯点，力学性能接近框架。[2]而联肢墙在水平荷载作用下，以整体弯曲为主，大多数楼层没有反弯点，侧向刚度比框架的侧向刚度大得多。因此，文献［8］从经济与安全的角度出发，建议将短肢剪力墙设计成联肢墙的界限情况，即它的墙肢截面高度比较小，再小到一定程度就成为框架了。因此，短肢剪力墙实际上是联肢墙中墙肢截面高度与墙厚的比值为最小的一种剪力墙。由于其墙肢截面高度小，故称之为短肢剪力墙。它应满足

$$\alpha < 10 \tag{4.1}$$

$$\zeta < [\zeta] \tag{4.2}$$

2.1　判别系数 ζ 的补充

许多文献都给出了 $\alpha \geqslant 10$ 时的系数［ζ］值。[4,5]而对短肢剪力墙的整体性系数 $\alpha < 10$ 时，则没有给［ζ］值。为了弥补这种不足，以便定量地给出短肢剪力墙墙肢截面肢高厚比的最小值，文献［9］采用有限元法对 154 片 α、ζ 各不相同的 8 层、10 层、12 层对称双肢剪力墙进行了弹性分析，按只在少数楼层出现反弯点的要求，得出了 $4 \leqslant \alpha < 10$ 时的系数［ζ］值，见表 4.1。其中，$\alpha = 10$ 时的［ζ］值取自文献［5］。

表 4.1　　**短肢剪力墙的肢强系数允许值 [ζ]**

层数 α	均布荷载			倒三角形荷载		
	8	10	12	8	10	12
4	0.905	0.967	0.977	0.988	0.994	1.000
6	0.880	0.931	0.958	0.964	0.969	0.985
8	0.850	0.918	0.951	0.931	0.952	0.978
10	0.832	0.897	0.945	0.887	0.938	0.974

2.2　肢高厚比的最小限值

如前所述，满足条件 $\alpha<10$，且 $I_n/I\leqslant\zeta$ 的是短肢剪力墙，而满足 $\alpha>10$，但不满足 $I_n/I\leqslant\zeta$ 的是壁式框架，两者的受力性能，特别是抗震性能有很大差别。条件 $I_n/I\leqslant\zeta$ 可用剪力墙的肢高厚比 $\beta=(h_1+b_w)/b_w$ 的最小限值 $[\beta]$ 来表达。即短肢剪力墙的最小肢高厚比应满足 $\beta\geqslant[\beta]$，影响 $[\beta]$ 值的主要因素是楼层数、肢距和连梁高度。这里，肢距是指两片墙肢翼缘中心线之间的距离，当没有翼缘时，即为两片剪力墙最外边之间的距离，见图 4.6。

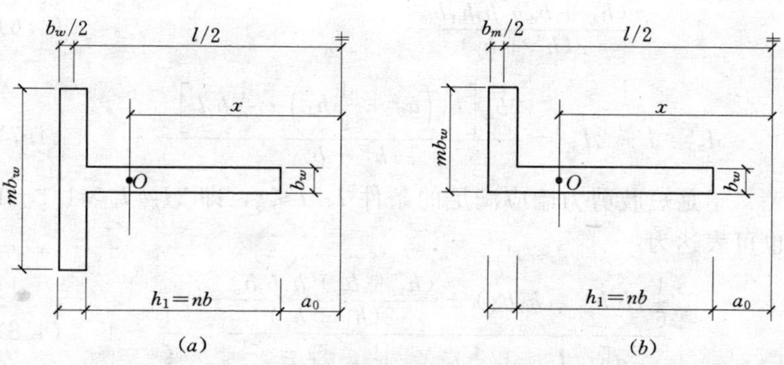

图 4.6　短肢剪力墙截面

(a) T 形截面；(b) L 形截面

下面以高层住宅中常遇到的墙肢截面为T形或L形的对称双肢短肢剪力墙，来讨论短肢剪力墙的最小肢高厚比，其墙肢截面的一半如图4.6所示。图中肋高 $h_1=nb_w$，翼缘宽 $b_f=mb_w$，b_w 为墙厚。取短肢墙组合截面的对称轴为坐标轴，墙肢截面形心到坐标轴的距离为 x，洞口宽度为 $2a_0$，连梁高度为 h_b，墙肢翼缘形心间的距离即为肢距，记作 l。按此可得截面的几何特征如下：

一个墙肢的截面面积为

$$A=(m+n)b_w^2 \tag{4.3}$$

墙肢截面形心到坐标轴的距离为

$$x=\frac{h_1\left(a_0+\frac{1}{2}h_1\right)+\frac{1}{2}b_fl}{h_1+b_f} \tag{4.4}$$

一个墙肢截面的惯性矩为

$$I_{ji}=\frac{1}{12}(b_fb_w^3+h_1^3b_w)+\frac{(h_1+b_w)^2b_fh_1b_w}{4(h_1+b_f)} \tag{4.5}$$

短肢剪力墙组合截面的惯性矩 $I=2I_{ji}+2Ax^2$，即

$$I=\frac{2b_w\left[h_1\left(a_0+\frac{1}{2}h_1\right)+\frac{1}{2}b_fl\right]^2}{h_1+b_f}+\frac{1}{6}(b_fb_w^3+h_1^3b_w)+\frac{(h_1+b_w)^2b_fh_1b_w}{2(h_1+b_f)} \tag{4.6}$$

$$I_n=I-2I_{ji}=\frac{2b_w\left[h_1\left(a_0+\frac{1}{2}h_1\right)+\frac{1}{2}b_fl\right]^2}{h_1+b_f} \tag{4.7}$$

于是短肢剪力墙应满足的条件 $I_n/I\leqslant\zeta$，即 $2I_{ji}/I_n\geqslant 1/\zeta-1$ 也可表达为

$$\frac{\frac{1}{6}(b_fb_w^3+h_1^3b_w)+\frac{(h_1+b_w)^2h_1b_fb_w}{2(h_1+b_f)}}{\frac{2\left[h_1\left(a_0+\frac{1}{2}h_1\right)+\frac{1}{2}b_fl\right]^2b_w}{h_1+b_f}}\geqslant\frac{1}{\zeta}-1 \tag{4.8}$$

由上式可以导出短肢剪力墙墙肢截面的最小肢高厚比允许值

$[\beta]$ 的表达式。

为便于应用，下面依据式（4.8）导出最小肢高厚比允许值 $[\beta]$ 的近似表达式。在式（4.8）中，令 $k=1/\zeta-1$，$\lambda=b_f/h_1$，$\delta=b_w/l$，由于 $b_w \ll h_1$，故略去 b_w^3，并近似取 $a_0+h_1/2=l/2$。经过这种处理后，式（4.8）会带来一些误差，但可以通过修正来减少误差，为求解带来了极大的方便，且得到的公式简单，便于应用。

式（4.8）可近似的表达为

$$\frac{\dfrac{1}{6}h_1^3+\dfrac{(h_1+b_w)^2 h_1 b_f}{2(h_1+b_f)}}{\dfrac{2\left[h_1\dfrac{l}{2}+b_f\dfrac{1}{2}l\right]^2}{(h_1+b_f)}} \geqslant k \tag{4.9}$$

上式中再略去 b_w 项，化简后得

$$\frac{h_1^3(h_1+4b_f)}{3(h_1+b_f)^2 l^2} \geqslant k \tag{4.10}$$

考虑到 $b_f=\lambda h_1$，则式（4.10）可表示为

$$\frac{1+4\lambda}{3(1+\lambda)^2}\left(\frac{h_1}{l}\right)^2 \geqslant k \tag{4.11}$$

故

$$\frac{h_1}{l} \geqslant \sqrt{\frac{3k(1+\lambda)^2}{1+4\lambda}} \tag{4.12}$$

或

$$\frac{h_1}{l} \geqslant (1+\lambda)\sqrt{\frac{3k}{1+4\lambda}} \tag{4.13}$$

故要求

$$h_1 \geqslant (1+\lambda)\sqrt{\frac{3k}{1+4\lambda}}\, l$$

在以上的推导过程中，舍弃了 b_w^3 项、b_w 项，且近似地取 $a_0+h_1/2=l/2$，故需引入修正系数 s 以修正由此引起的误差。设短肢剪力墙的最小高度近似表达为

$$h_1 \geqslant s(1+\lambda)\sqrt{\frac{3k}{1+4\lambda}}l \tag{4.14}$$

考虑到没有翼缘时，修正系数 $s=1$ 的条件，经计算分析，可取修正系数 $s=(1-\delta)/(1+\sqrt{3k})$，代入式（4.14）得

$$h_1 \geqslant \frac{1+\lambda}{\sqrt{1+4\lambda}}\frac{(1-\delta)\sqrt{3k}}{1+\sqrt{3k}}l \tag{4.15}$$

即短肢剪力墙的肢高厚比应满足下式：

$$\beta = \frac{h_1+b_w}{b_w} \geqslant 1+\frac{1+\lambda}{\sqrt{1+4\lambda}}\frac{(1-\delta)\sqrt{3k}}{\delta(1+\sqrt{3k})} \tag{4.16}$$

所以，最小肢高厚比限值为

$$[\beta] = 1+\frac{1+\lambda}{\sqrt{1+4\lambda}}\frac{(1-\delta)\sqrt{3k}}{\delta(1+\sqrt{3k})} \tag{4.17}$$

文献［45］依据式（4.8）得

$$[\beta] = 1+\frac{\sqrt{[3\lambda\delta+3k(1-\delta+\lambda)]^2-(1+4\lambda-3k)[\lambda\delta^2(\lambda+4)-3k(1-\delta+\lambda)^2]}}{\delta(1+4\lambda-3k)} - \frac{3\lambda\delta+3k(1-\delta+\lambda)}{\delta(1+4\lambda-3k)} \tag{4.18}$$

为验证式（4.17）的正确性，分别按式（4.17）和式（4.18）编制了计算机程序，计算结果表明，两式的误差很小。

式（4.17）和式（4.18）两边都隐含了墙肢的肢高 h_1，因此须用迭代法求解。为便于工程应用，依据式（4.17），并结合目前我国的隔墙大多采用 190mm 空心砌块，取 $b_w=200$mm 制成了短肢剪力墙肢截面的允许最小肢高厚比值［β］的表格，见本章附表 1。

由附表 1 可以看出短肢剪力墙墙肢截面的墙肢高厚比值大多集中在 5～8 之间，这与《高层建筑混凝土结构技术规程》中关于短肢剪力墙的规定是基本一致的。选定了短肢剪力墙墙肢的截面高度，就可算出墙肢间的洞口宽度 $2a_0=l-(2n+1)b_w$。

第3节　整体性系数与肢强系数的物理意义

3.1　短肢剪力墙的受力特点

为了弄清整体性系数和肢强系数的物理意义，首先应该了解联肢墙的受力特点。为此，下面以双肢墙为例来说明短肢剪力墙的受力特点。它是由两个T形截面的墙肢和一系列连梁组成的联肢墙，如图4.7所示。

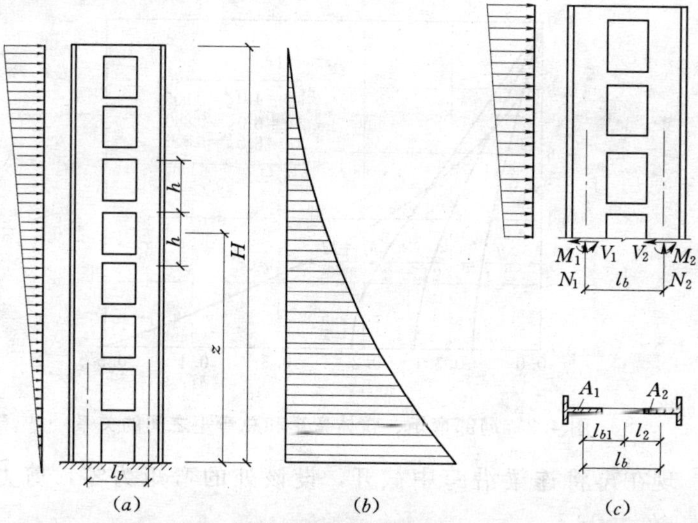

图4.7　短肢剪力墙的受力分析

(a) 倒三角形荷载作用下的短肢剪力墙；(b) 外荷载引起的弯矩；

(c) 墙肢截面的内力

设水平荷载在离墙底为 z 的高度处产生的弯矩为 M，由平衡条件知[13]

$$M = M_1 + M_2 + Nl \tag{4.19}$$

式中：M_1、M_2 分别为离墙底高度为 z 的水平截面上，由墙肢1、2单独承担的弯矩，它使单个墙肢截面产生弯曲，称为局部弯矩；N 为该处墙肢截面的轴向力；l 为两墙肢截面形心之间的距离，$l=l_1+l_2$。

显然 Nl 表示由两个墙肢整体工作的组合截面所承担的弯矩，它使组合截面产生弯曲，其中一个墙肢受拉，另一个墙肢受压，因此将 Nl 称为整体弯矩。

图 4.8 所示为典型的双肢短肢剪力墙在倒三角形水平荷载作用下墙肢的局部弯矩、墙肢轴力所产生的整体弯矩以及外荷载产生的总弯矩之间的关系。不难看出，整体弯矩随着整体性系数的增加而增大，而局部弯矩则随整体性系数的增大而减小。

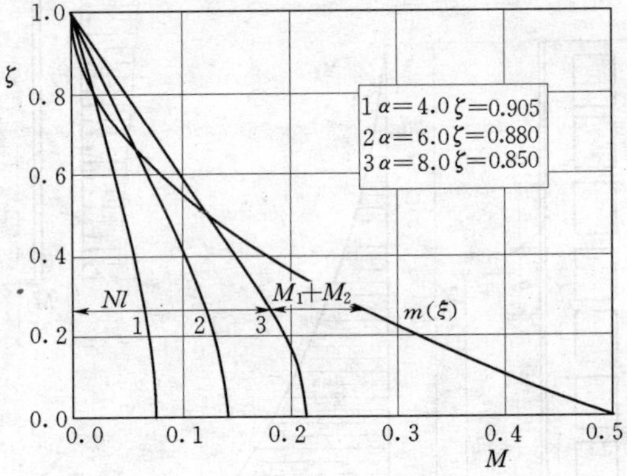

图 4.8 局部弯矩、整体弯矩和总弯矩之间的关系

现在再将连梁沿跨中截开，设该处的弯矩为零，剪力为 V_{bi}，故

$$N=\sum_{i=1}^{n}V_{bi} \tag{4.20}$$

式中：V_{bi} 为 z 截面上 i 层连梁的竖向剪力，下标 b 表示连梁；n 为 z 截面以上连梁数。

故

$$Nl=(l_1+l_2)\sum_{i=1}^{n}V_{bi}=\sum_{i=1}^{n}V_{bi}l \tag{4.21}$$

式中：$V_{bi}l$ 为 i 层连梁对两个墙肢提供的弯矩贡献，称为约束弯矩。

可见，整体弯矩是由连梁的剪力作用提供的，剪力墙某一水平截面上的整体弯矩等于此截面以上所有连梁对墙肢的约束弯矩的总和，这就是连梁的贡献。由此可以解释为何整体弯矩随着整体性系数的增加而增大，这是由于当肢强系数一定时，整体性系数越大则连梁的抗弯刚度越大，因而对墙肢的约束也越大，故整体弯矩也就越大。

剪力墙中，整体弯矩比局部弯矩大得多，所以剪力墙的主要受力特点是以整体弯曲为主，大多数楼层的墙肢没有反弯点。整体水平位移曲线与竖向悬臂柱相似，是以弯曲型为主。即下一楼层的层间相对位移比上一楼层的小，这是有利的一面。

3.2　两个判别系数

3.2.1　肢强系数 ζ

肢强系数的定义为 $\zeta=I_n/I$。现以图 4.9 所示的矩形截面双肢剪力墙的组合截面来说明其物理意义。图中，O 是组合截面的形心，O_1、O_2 分别是墙肢 1、2 的截面形心，I 是组合截面的惯性矩，$I=I_n+I_j$，$I_n=\sum A_{ji}r_{ji}^2$，$I_j=\sum I_{ji}$，故

$$\frac{I_n}{I}=\frac{1}{1+\dfrac{\sum I_{ji}}{\sum A_{ji}r_{ji}^2}} \tag{4.22}$$

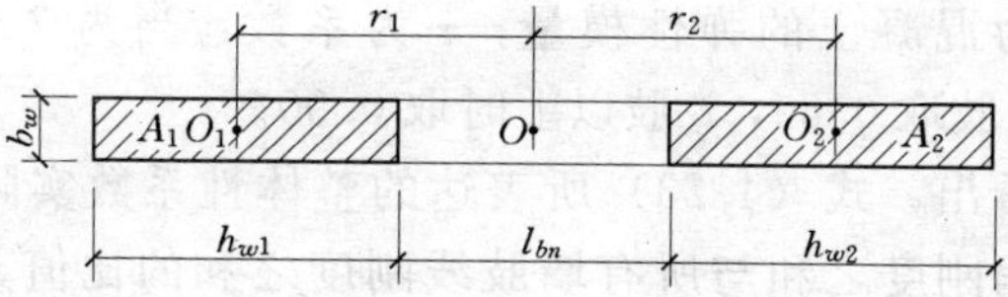

图 4.9　短肢剪力墙组合截面

在组合截面高度一定的情况下，开洞较大时，墙肢截面高度较小，墙肢弱，r_{ji} 大，比值 $\sum I_{ji}/\sum A_{ji}r_{ji}^2$ 小，故 I_n/I 值大；相反，开洞小，墙肢强，I_n/I 值小；当墙肢是矩形截面且没有洞口时，I_n/I 达到最小值 0.75。

可见，能用 I_n/I 值来鉴别墙肢的强弱。当 $I_n/I<\zeta$ 时，墙肢较强，而当 $I_n/I>\zeta$ 时，墙肢较弱。故可称判别系数 ζ 为肢强

系数。ζ 值与楼层数、荷载形式及 α 值有关，ζ 值越小，墙肢越强；反之，ζ 越大，墙肢越弱。

3.2.2 整体性系数 α

整体性系数反映了所有连梁总的转角刚度与所有墙肢的抗弯线刚度两者的比值。α 大，肢弱梁强，连系梁对墙肢的约束弯矩大，整体性好；α 小，肢强梁弱，连系梁对墙肢的约束弯矩小，整体性差。研究表明，$\alpha \geqslant 10$ 的属于前者，$\alpha < 10$ 的属于后者。[5]

不过，这里的弱肢强梁或强肢弱梁只是墙肢与连系梁两者相对而言的，因此弱肢强梁中包括了两种情况：①肢是弱的，梁比肢强些，即真正的弱肢强梁；②肢是强的，但梁比肢更强。

忽略刚域及轴向变形对连梁的影响，有 m 列规则洞口的开洞剪力墙的整体性系数为[4]

$$\alpha^2 = \frac{H\sum_{j=1}^{m}\dfrac{12EI_{bj}}{l_{bj}h}}{\dfrac{\tau\sum_{j=1}^{m+1}EI_j}{H}} \tag{4.23}$$

式中：I_{bj} 为第 j 列连梁的截面惯性矩；I_j 为第 j 墙肢的截面惯性矩；l_{bj} 为第 j 列连梁的计算跨度；h 为层高；H 为剪力墙的总高度；E 为混凝土的弹性模量；τ 为系数，当为 3～4 肢时取 0.8，5～7 肢取 0.85，8 肢以上时取 0.90。

容易看出，式（4.23）所表达的整体性系数实际上是所有连梁的转角刚度之和与所有墙肢线刚度之和的比值。它实际上是描述短肢剪力墙（或联肢剪力墙）各墙肢弯曲刚度与局部剪切刚度以及整体弯曲刚度之间关系的一个综合指标。

第 4 节 水平荷载作用下的侧移曲线

4.1 侧移曲线的形态

短肢剪力墙属于联肢墙，因此，可以应用第 3 章所述的连续连接介质方法来求解。尽管连续连接介质法的假设导致了其解的近似性，但它能给出问题的近似解析解，这是有限元法及壁式框架法所不能比的。试验和比较计算证明，对于高层建筑，连续连接介质法的误差是工程上可以接受的。[6]

由第 3 章可以得到水平荷载作用下，短肢剪力墙的侧移曲线如下：

(1) 均布荷载：

$$y=\frac{qH^4}{EI}\left(\frac{1}{24}[(1-\xi)^4+4\xi-1]+\frac{1}{k^2}\left\{\frac{1}{2(k\alpha_1 H)^2}(2\xi-\xi^2)\right.\right.$$
$$-\frac{1}{24}[(1-\xi)^4+4\xi-1]-\frac{1}{(k\alpha_1 H)^4\cosh(k\alpha_1 H)}$$
$$\times[1+k\alpha_1 H\sinh(k\alpha_1 H)-\cosh(k\alpha_1 H\xi)$$
$$\left.\left.-k\alpha_1 H\sinh(k\alpha_1 H(1-\xi))]\right\}\right) \tag{4.24}$$

(2) 倒三角形荷载：

$$y=\frac{wH^4}{2EI}\left\{\frac{1}{60}\left(\frac{k^2-1}{k^2}\right)(20\xi^2-10\xi^3+\xi^5)\right.$$
$$+\frac{1}{k^2(k\alpha_1 H)^2}\left[\left[1-\frac{2}{(k\alpha_1 H)^2}\right]\xi-\frac{1}{3}\xi^3\right.$$
$$+\frac{2}{(k\alpha_1 H)^2\cosh(k\alpha_1 H)}\left(\cosh(k\alpha_1 H\xi)-1\right.$$
$$+\left(\frac{1}{k\alpha_1 H}-\frac{k\alpha_1 H}{2}\right)\{\sinh(k\alpha_1 H)$$
$$\left.\left.\left.-\sinh[k\alpha_1 H(1-\xi)]\}\right)\right]\right\} \tag{4.25}$$

其中
$$\alpha_1^2=\frac{12\tilde{I}_b l^2}{l_{bn}{}^3 hI},\ k^2=1+\frac{AI}{A_1A_2l^2}$$
$$I=I_1+I_2,\ A=A_1+A_2,\ \xi=\frac{z}{H}$$

式中：$\tilde{I}_b$ 为考虑剪切变形的连梁截面等效惯性矩；I_1、I_2 分别为两墙肢截面惯性矩；A_1、A_2 分别为两墙肢截面面积；H 为墙体总高度；h 为层高；l 为两墙肢形心之间的距离；l_{bn} 为连梁的净跨；q 为均布荷载的分布集度；w 为倒三角形荷载的最大分布集度。

对双肢墙，α_1、k 与整体性系数 α、肢强系数 ζ 有如下关系：

$$\alpha_1^2 = \frac{\zeta}{H^2}\alpha^2, \qquad k^2 = \frac{1}{\zeta}$$

式（4.24）、式（4.25）所给出的侧移曲线都呈弯剪型，有限元分析的结果与按式（4.24）或式（4.25）计算的结果很接近。

图 4.10 给出了对称短肢剪力墙侧移曲线的有限元分析结果。该图表明，不论是双肢还是三肢短肢剪力墙，其总体侧移曲线都呈弯剪型，即底部数层为弯曲型，顶部数层为剪切型，侧移曲线上两种变形形态的分界点即为反弯点。反弯点的高低取决于整体性系数 α 和肢强系数 ζ。因此反弯点的高度实际上是反映短肢剪力墙整体性强弱的一个指标，它是整体性系数 α 和肢强系数 ζ 的综合反映。

如前所述，短肢剪力墙（或联肢墙）对水平荷载的抵抗弯矩由两部分组成，一是由于墙肢的轴力所形成的弯矩，即所谓的整体弯矩。这一部分弯矩与连梁的约束刚度密切相关，连梁的约束刚度越大，整体弯矩越大，结构的整体性越强。另一部分弯矩是由墙肢自身的弯曲所产生的抵抗弯矩，这一部分弯矩被称为局部弯矩。当连梁的约束刚度一定时，局部弯矩越大，则表明墙肢相对于连梁越弱，结构的整体性越差。整体弯曲的侧移曲线为弯曲型，而局部弯曲的侧移曲线为剪切型，当两种弯曲同时存在时，侧移曲线就呈弯剪型，即在结构的下部，侧移曲线为弯曲型，而上部为剪切型，两种形态的分界点即为反弯点。所以，整体侧移曲线的反弯点高度实际上是反映短肢剪力墙的连梁总约束刚度和墙肢强弱的一个综合指标，反弯点高，表示整体弯曲所占的比例大，结构的整体性好，反之，结构的整体性差。当单片短肢剪力墙整体侧移曲线的反弯点相对高度大于 0.4 时，[10] 其整体性系数和肢强系数都可以满足式（4.1）

和式（4.2）的要求。

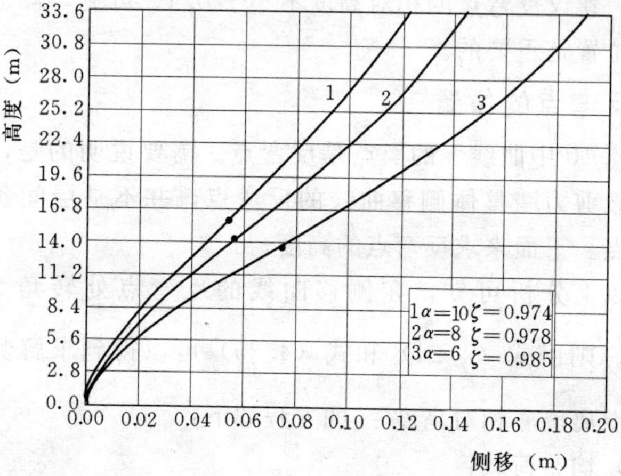

(*a*)

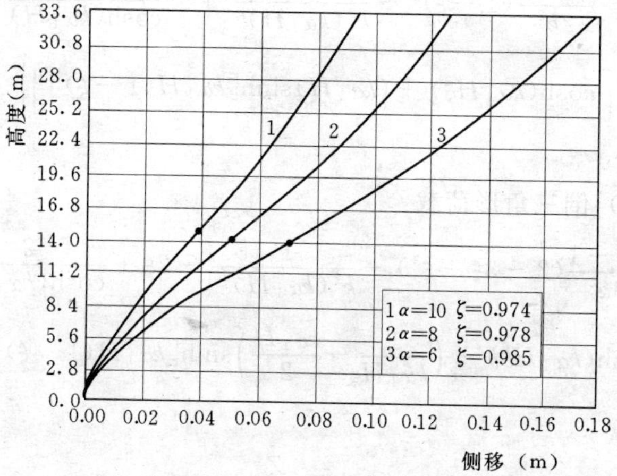

(*b*)

图 4.10 对称的短肢剪力墙在倒三角形水平荷载作用下的侧移曲线

(*a*) 12 层双肢墙；(*b*) 12 层三肢墙

反弯点越高表明各墙肢的共同作用程度越大，结构体系的整体性越强。所以在短肢剪力墙结构体系的设计中，整体侧移曲线的反弯点相对高度应作为一个重要的控制指标。根据上面的分析，建议反弯点的相对高度不小于0.4。可见，知道这个反弯点的位置是重要的。

4.2 反弯点的位置

图4.10中曲线上的黑点是反弯点。需要说明的是，这里讲的是短肢剪力墙整体侧移曲线的反弯点，并不是层间各个墙肢的反弯点。下面来求反弯点的高度。

由以上分析可知，在侧移曲线的反弯点处转角为0，即$\frac{d^2y}{dz^2}=0$。则由式（4.24）和式（4.25）可以得到求解侧移曲线上反弯点离墙底相对高度ξ_0的方程如下：

（1）均布荷载：

$$\frac{k^2-1}{2k^2}(1-\xi)^2-\frac{1}{k^2(k\alpha_1 H)^2}\left\{1-\frac{1}{\cosh(k\alpha_1 H)}\times\left[\cosh(k\alpha_1 H\xi)+(k\alpha_1 H)\sinh[k\alpha_1 H(1-\xi)]\right]\right\}=0 \tag{4.26}$$

（2）倒三角形荷载：

$$\frac{k^2-1}{3k^2}(2-3\xi+\xi^3)+\frac{1}{k^2(k\alpha_1 H)^2}\left\{-2\xi+\frac{2}{\cosh(k\alpha_1 H)}\times\left[\cosh(k\alpha_1 H\xi)-\left(\frac{1}{k\alpha_1 H}-\frac{k\alpha_1 H}{2}\right)\sinh[k\alpha_1 H(1-\xi)]\right]\right\}=0 \tag{4.27}$$

其中

$$\xi=\frac{Z}{H}$$

式中：Z为墙肢上的任一点到墙底的高度；H为墙体总高度。

容易证明，式（4.26）和式（4.27）关于反弯点相对高度ξ_0的解与墙高H无关。也就是说，反弯点的相对高度ξ_0只与整体性系数α、肢强系数ζ有关，而与墙高无关。这就为求解短肢剪力墙侧移曲线上的反弯点的位置带来了极大的方便。

为便于工程应用，本文根据式（4.26）和式（4.27）给出了侧移曲线反弯点的相对高度与整体性系数 α、肢强系数 ζ 的关系曲线，见图 4.11。对于总高度为 H 的短肢剪力墙，可以由图 4.11 查得墙肢反弯点的相对高度 ξ_0 值。计算表明，由图 4.11 得到的 ξ_0 值与由有限元法得到的 ξ_0 值是很接近的。

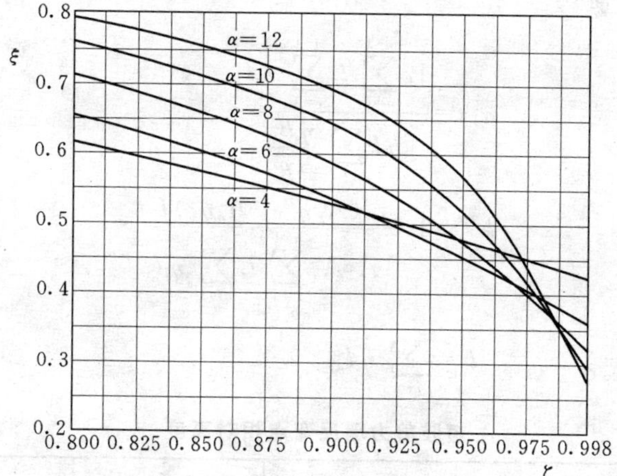

(a)

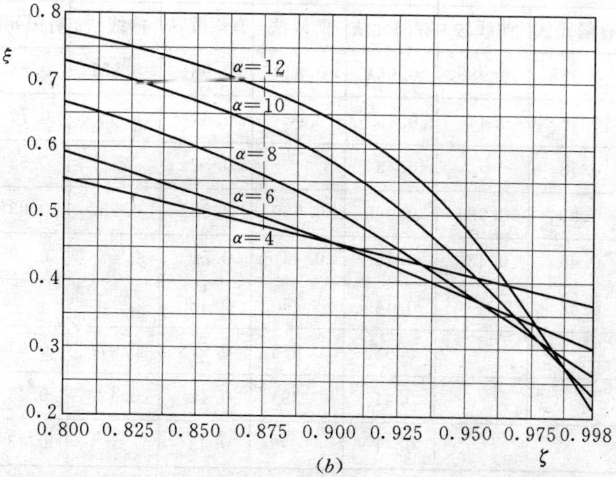

(b)

图 4.11 侧移曲线反弯点的高度随 α、ζ 变化的曲线

(a) 均布荷载；(b) 倒三角形荷载

表 4.2 分别应用有限元法和曲线法给出了典型的双肢和三肢对称短肢剪力墙侧移曲线反弯点的高度，结果表明两者能很好地吻合。由表 4.2 还可以看出，不论是双肢墙还是三肢墙，只要其整体性系数 α、肢强系数 ζ 相同，它们的反弯点高度相差不大。实际上，在第 3 章已经证明，对于有 n 个墙肢的短肢剪力墙，只要令

$$\alpha_1^2 = \frac{12\sum_{n=1}^{n-1} l_i \sum_{i=1}^{n-1} \eta_i l_i}{hI\sum \frac{\eta_i b_i^3}{I_{bi}}}$$

$$k^2 = 1 + \frac{(A_1\eta_n + A_n\eta_1)I}{A_1 A_n \sum_{i=1}^{n-1} l_i \sum_{n=1}^{n-1} \eta_i l_i}$$

$$l = \sum_{i=1}^{n-1} \eta_i l_i$$

表 4.2 短肢剪力墙反弯点相对高度

α	4		6		8		10	
方法	有限元法	曲线法	有限元法	曲线法	有限元法	曲线法	有限元法	曲线法
ζ	0.988	0.988	0.964	0.964	0.931	0.931	0.887	0.887
双肢墙	0.46	0.44	0.45	0.43	0.54	0.53	0.72	0.66
三肢墙	0.48		0.45		0.52		0.58	
ζ	0.994	0.994	0.969	0.969	0.952	0.952	0.938	0.938
双肢墙	0.45	0.43	0.45	0.42	0.50	0.47	0.57	0.55
三肢墙	0.46		0.44		0.48			
ζ			0.985	0.985	0.978	0.978	0.974	0.974
双肢墙			0.41	0.39	0.42	0.42	0.43	0.43
三肢墙			0.41		0.42		0.43	

代入式 (4.24)～式 (4.27)，就能够得到多肢墙的侧移曲线和求解反弯点高度的方程。可见，无论是墙肢的多少，只要

系数 α_1 和 k 相同，短肢剪力墙的侧移曲线和反弯点高度就相同。因此，图 4.11 的反弯点高度曲线虽然是由双肢墙的侧移曲线得到的，但同样适用于多肢墙。

4.3　水平荷载作用下墙肢应力沿高度的分布

许多文献都对联肢墙墙肢截面的应力分布有过论述，[5]但它们给出的都是墙肢底部的应力分布。事实上，短肢剪力墙（联肢墙）在水平荷载作用下，自下而上弯矩逐渐减小，墙肢截面的应力大小及应力的分布形态都是变化的。在侧移曲线反弯点高度，墙肢可能会出现全截面受拉或受压的情况。所以，在设计中，仅取底部墙肢截面作为控制截面是不经济的，有时可能会不安全。因此，有必要研究水平荷载作用下墙肢应力沿高度的分布规律。

图 4.12 分别给出了一个典型的 10 层双肢和三肢短肢剪力墙（$\alpha=8$，$\zeta=0.952$）的有限元分析结果。由表 4.2 知，图示的双肢和三肢墙的总体侧移曲线分别在 14.0m 和 13.2m 处有一反弯点。

由图 4.12 可以看出，短肢墙墙肢截面法向应力 σ_z 的分布有以下特点：

（1）在双肢墙的底部，σ_z 以整体弯曲应力为主，局部弯曲应力相对很小，墙肢协同作用明显。墙肢截面大部分受拉或受压，外侧应力大于内侧应力。随着高度的增加，墙肢的外侧应力逐渐减小而内侧应力逐渐增大，墙肢截面的正应力分布由底部的大部分受拉或受压逐渐向全截面受拉或受压过渡。在总体侧移曲线反弯点处的墙肢截面，法向应力呈均匀分布，故墙肢处于全截面受拉或全截面受压状态。经过反弯点后，墙截面的内侧应力大于外侧应力，且随高度的增加由全截面受拉或受压向部分受拉或部分受压过渡，但受拉区或受压区正好和反弯点以下相反，在墙肢的顶部，截面的受拉区和受压区高度很接近，截面的应力以局部弯曲应力为主。

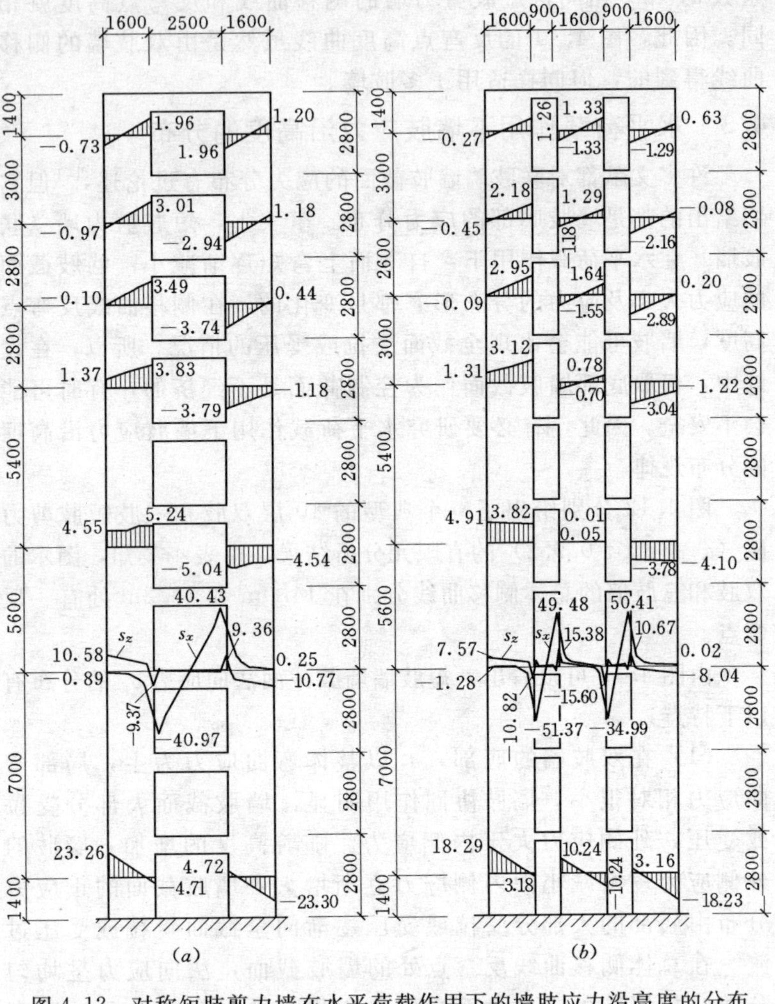

图 4.12 对称短肢剪力墙在水平荷载作用下的墙肢应力沿高度的分布

(*a*) 双肢墙应力分布 (×10³kN/m²); (*b*) 三肢墙应力分布 (×10³kN/m²)

(2) 对于三肢墙，其外侧两墙肢的法向应力沿高度分布的变化与双肢墙有相同的规律。而中间墙肢在侧向荷载的作用下则处于纯弯曲状态，墙肢截面的中和轴与其截面形心重合。其法向应力总是一半为拉应力而另一半为压应力，应力值自下而上逐渐减小，在总体侧移曲线的反弯点高度处截面应力为0。经过反弯点后，墙肢截面的法向应力值又自下而上逐渐增加，但方向恰好与反弯点下的法向应力方向相反。这表明，整体侧移曲线上下墙肢的弯矩方向相反。

（3）图中还给出了8.4m高度（第3层连梁标高）的正应力σ_z、σ_y的分布。可以看出，两个方向的正应力在洞口附近都会产生突变，但竖向正应力σ_z的突变较小，而水平向的正应力σ_y突变较大。离开连梁端部约1/16跨长处达到最大值，其值为墙肢截面法向正应力σ_z的好几倍。正是缘与此原因，使得在很多情况下，水平荷载作用下短肢剪力墙的连梁会先于墙肢出现裂缝。国内外大量的试验也证实，连梁的端部很容易形成垂直或斜向发展的裂缝。[5]

（4）总体侧移曲线反弯点附近截面有可能会出现小偏心受拉的情况。因此在短肢剪力墙设计中，对总体侧移曲线反弯点附近的墙肢截面必须充分重视。文献［46］建议，凡一墙肢全截面出现拉力，其拉力不应超过全截面混凝土抗拉强度设计值。此时另一墙肢的组合剪力和组合弯矩应乘以1.25的增大系数，以考虑其内力重分布的不利影响。

第5节　翼缘宽度的影响

5.1　对墙肢弯矩的影响

为了研究翼缘宽度对墙肢弯矩的影响，对一片高28m、整体性系数$\alpha=8$、肢强系数$\zeta=0.918$的10层短肢剪力墙进行了分析，分析过程中材料参数、水平力的分布与大小以及边界条件都相同，只是分别取翼缘的宽厚比为2、4、6、8、10。图4.13为它们的墙肢弯矩图。由该图可以看出，翼缘的宽度对墙肢的弯矩影响很小。因此，在确定短肢墙的肢高厚比以及计算整体性系数α和肢强系数ζ时，可以不考虑翼缘宽度的影响。

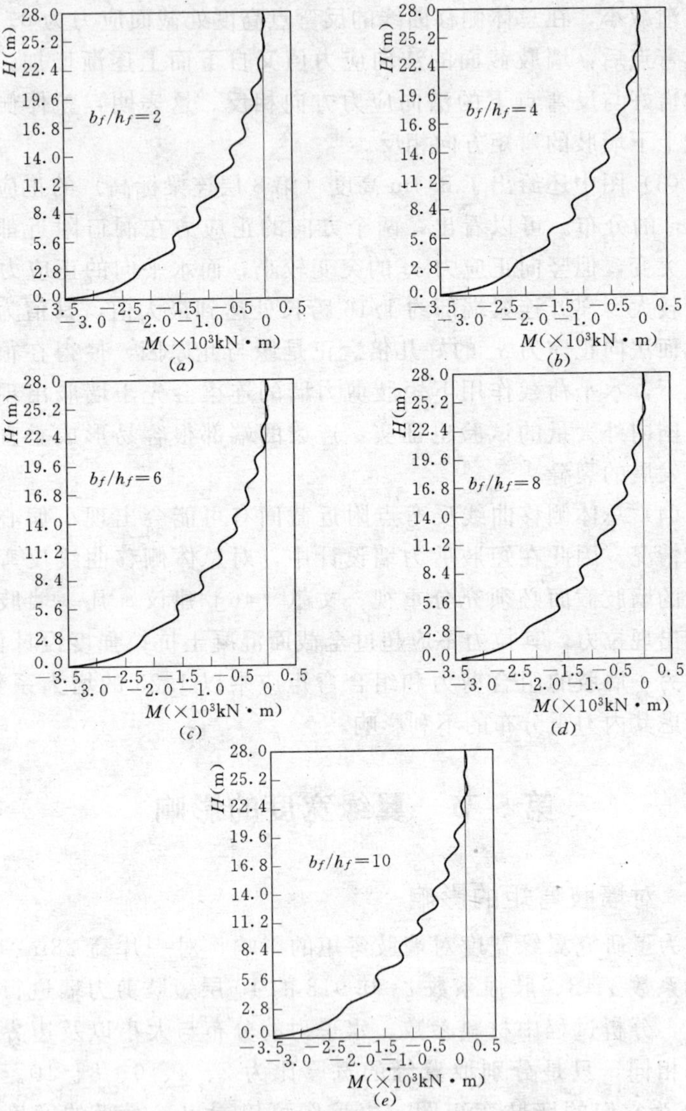

图 4.13 不同翼宽翼厚比的双肢对称短肢剪力墙在均布侧向荷载作用下的墙肢弯矩图

(*a*) 翼宽翼厚比等于 2；(*b*) 翼宽翼厚比等于 4；(*c*) 翼宽翼厚比等于 6；(*d*) 翼宽翼厚比等于 8；(*e*) 翼宽翼厚比等于 10

5.2　对墙肢水平截面正应力的影响

图4.14（a）、（b）分别为1.4m高度处墙肢横截面的正应力和剪应力分布。其中正应力取自翼缘的最外侧纤维，剪应力取自平行于墙面的对称面。由图可以看出，当翼宽翼厚比不大于10时，墙肢横截面的正应力随着翼缘宽度的增加而显著衰减，而当翼宽翼厚比大于10时，这种衰减变缓。

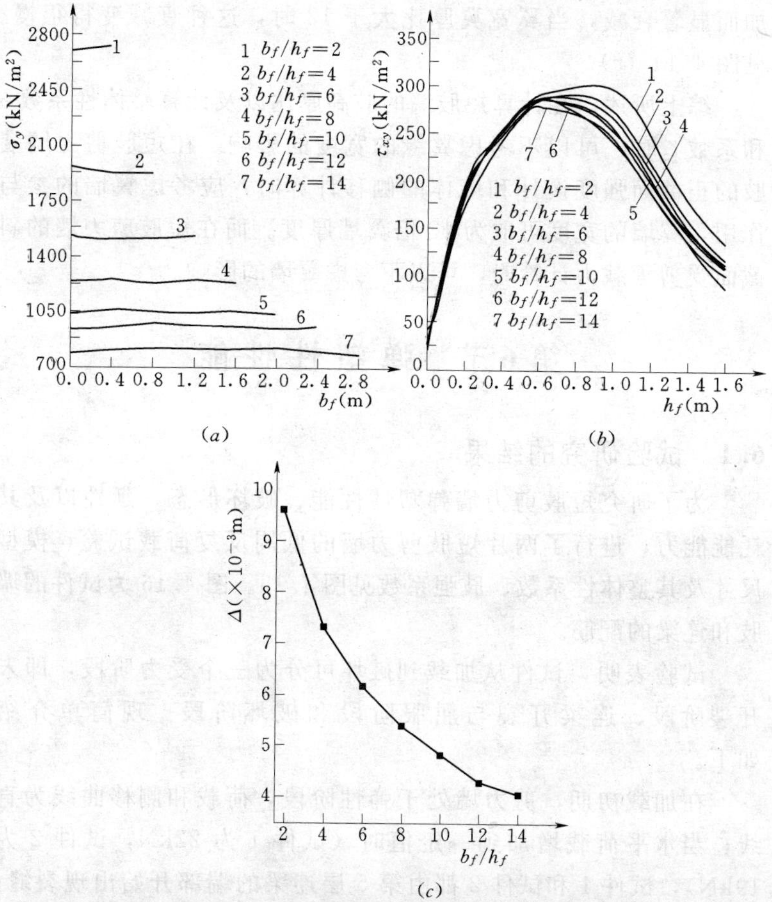

图4.14　翼缘宽度对墙肢截面应力及顶点侧移的影响

（a）对正应力的影响；（b）对剪应力的影响；（c）对顶点侧移影响

翼缘的宽度对墙肢截面的水平剪应力的影响不大，其分布形态与矩形截面的剪应力分布形态基本相同，大小随翼缘宽度的增加略有降低。见图 4.14（b）。

5.3　对顶点侧移的影响

翼缘的宽度对剪力墙顶点侧移的影响与对墙肢横截面的正应力的影响类似，当翼宽翼厚比不大于 12 时，侧移随翼宽的增加而显著衰减，当翼宽翼厚比大于 12 时，这种衰减变得很慢。见图 4.14（c）。

综上所述，在计算短肢墙的肢高厚比以及计算整体性系数 α 和系数 ζ 时，可以不考虑翼缘的宽度的影响。在短肢剪力墙墙肢的正截面强度设计和墙体的侧移计算时，应考虑翼墙的参与作用，翼墙的宽度可取为 12 倍翼墙厚度。而在短肢剪力墙的斜截面受剪承载力计算时，可以不考虑翼墙的影响。

第 6 节　弹塑性性能

6.1　试验研究的结果

为了研究短肢剪力墙弹塑性性能、破坏形态，延性以及其耗能能力，进行了两片短肢剪力墙的低周反复荷载试验，模型尺寸及其整体性系数、肢强系数见图 4.15。图 4.16 为试件的墙肢和连梁的配筋。

试验表明，试件从加载到破坏可分为三个受力阶段，即未开裂阶段、连梁开裂与屈服阶段和破坏阶段。现简单介绍如下。

在加载初期，剪力墙处于弹性阶段，荷载和侧移曲线为直线；当水平荷载增加到一定值时（试件 1 为 22kN，试件 2 为 19kN），试件 1 和试件 2 都由第 5 层连梁的端部开始出现裂缝；随后，随荷载的不断增加，其余各层连梁不断出现裂缝，且墙肢也由底部开始，自下而上出现水平裂缝；继续增加荷载，裂缝

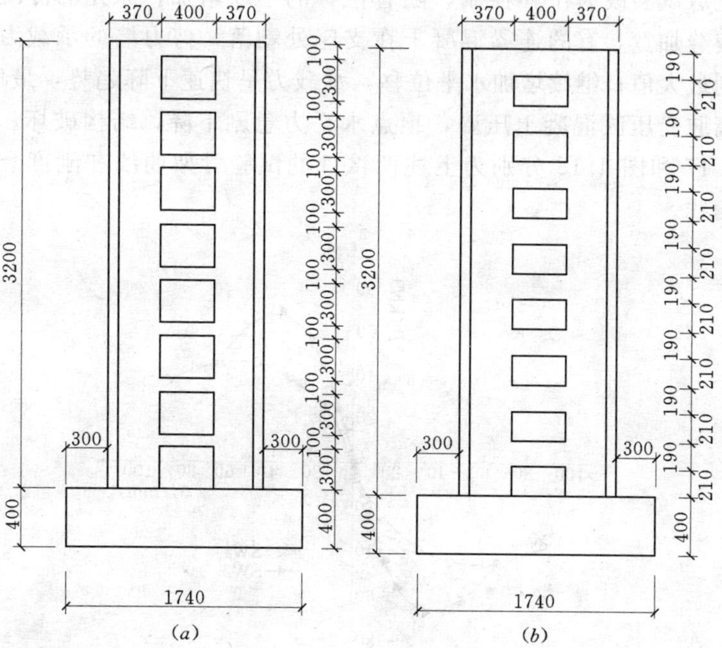

图 4.15 试件立面图

(*a*) 试件 1 立面（$\alpha=4$，$\zeta=0.931$）；(*b*) 试件 2 立面（$\alpha=8$，$\zeta=0.931$）

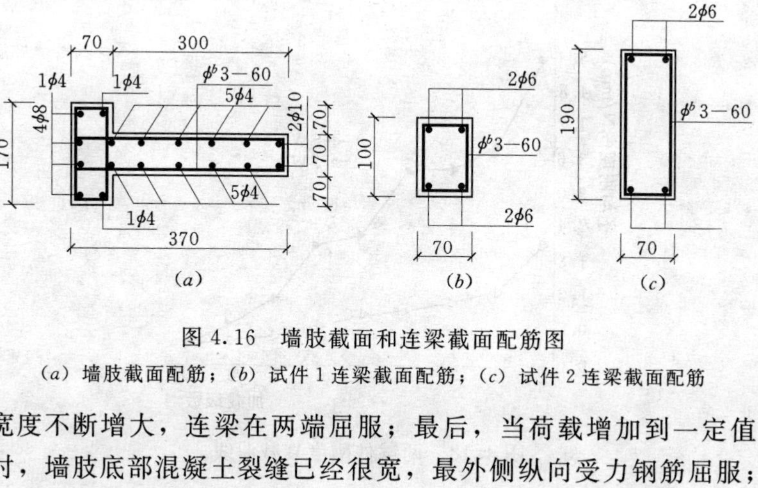

图 4.16 墙肢截面和连梁截面配筋图

(*a*) 墙肢截面配筋；(*b*) 试件 1 连梁截面配筋；(*c*) 试件 2 连梁截面配筋

宽度不断增大，连梁在两端屈服；最后，当荷载增加到一定值时，墙肢底部混凝土裂缝已经很宽，最外侧纵向受力钢筋屈服；

此后试验改为位移控制，随着位移的不断增加，原先的混凝土裂缝加宽，有的连梁混凝土在支座处剥落，剪力墙的承载力达到最大值；继续增加水平位移，承载力呈快速下降趋势，最后，墙肢受压区混凝土压碎，顶点水平力急剧下降，结构破坏。图4.17和图4.18分别为上述两试件的试验骨架曲线和刚度衰减曲线。

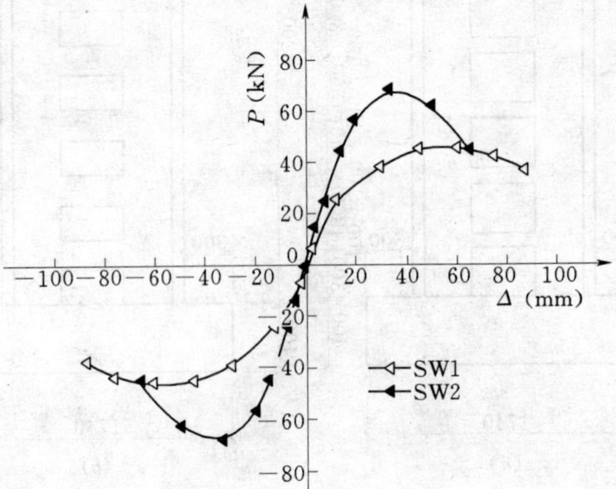

图4.17　试验骨架曲线

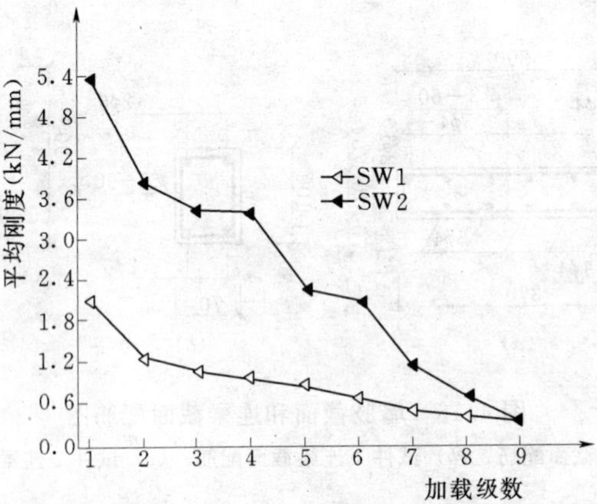

图4.18　两试件刚度衰减曲线

由于SW2的整体性系数较SW1的大，并且连梁对墙肢的约束刚度也大，所以两个试件有以下不同之处：

(1) SW2的开裂荷载、屈服荷载和承载能力都比SW1的大。

(2) SW2的侧向刚度比SW1的大，相同水平力时，SW2的水平位移比SW1的小，破坏时的水平位移也比SW1的小。

(3) SW2的延性比SW1的差，SW1的延性系数为6，而SW2的延性系数不到5；SW1的滞回曲线也比SW2的丰满。

两试件的品性也存在一些相同之处：首先，连梁都是在中间某层首先出现裂缝，连梁的屈服先于墙肢的屈服；其次，结构的破坏都是缘于墙肢底部纵向受力钢筋屈服、受压区混凝土压碎。由此可见，对于层数、层高、墙肢尺寸、材料及配筋都相同的短肢剪力墙，当肢强系数一定时，短肢剪力墙的承载能力随整体性系数的增加而增加，而延性却随之减小。这与6.3节中弹塑性分析所得出的结果是一致的。

图4.19为试件1和试件2的破坏情况。可以看出，两个试

(a) (b)

图4.19 两试件的破坏情况

(a) SW1破坏情况；(b) SW2破坏情况

件连梁的根部都形成了塑性铰，墙肢的底部的混凝土也均被压碎。图 4.20（*a*）、（*b*）分别为 SW1 和 SW2 的第 5、6 层连梁与墙肢相连处的塑性铰，图 4.21（*a*）、（*b*）分别为两墙肢底部的塑性铰。可以看出，SW1 墙肢底部外侧受压区的混凝土被压碎剥落，墙肢的纵向力钢筋已经被压弯。SW2 墙肢底部的混凝土沿全截面被压碎，墙肢翼缘混凝土剥落，纵向受力钢筋曲屈。

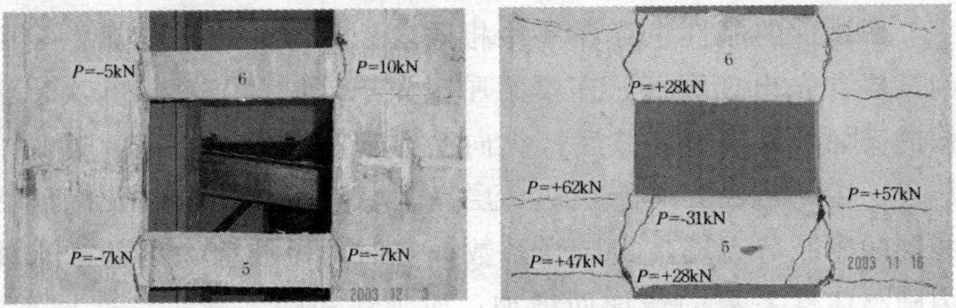

（*a*）　　　　　　（*b*）

图 4.20　连梁的破坏

（*a*）SW1 连梁破坏情况；（*b*）SW2 连梁破坏情况

（*a*）　　　　　　（*b*）

图 4.21　墙肢底部混凝土被压碎

（*a*）SW1 墙肢底部混凝土压碎；（*b*）SW2 墙肢底部混凝土压碎

6.2　试验结论

通过试验可以得出以下结论：

（1）短肢剪力墙属于强肢弱梁型结构，在未开裂阶段，由于连梁的约束作用，两墙肢协同工作，墙肢和连梁共同抵抗由水平外荷载产生的弯矩。短肢剪力墙在弹性阶段的力学性能与局部弯矩和整体弯矩在总体弯矩（外荷载所形成的弯矩）所占的比例密切相关。若整体弯矩所占的比例大，则剪力墙整体弯曲变形所占的比例就大，滞回曲线就比较饱满，耗能能力比较好；反之，若局部弯矩所占的比例大，则剪力墙局部弯曲所占的比例就大，滞回曲线就表现为捏梭状，耗能能力比较差[47]。由前面的理论分析可知，当层数与层高一定时，短肢剪力墙（或联肢墙）的整体弯矩和局部弯矩仅与肢强系数ζ和整体性系数α有关。当肢强系数一定时，短肢剪力墙的整体弯矩随整体性系数的增加而增大，当整体性系数一定时，整体弯矩随肢强系数的减小而增大。因此肢强系数与整体性系数的不同组合，会导致短肢剪力墙内整体弯矩和局部弯矩的不同分配，因而弹性阶段的水平力-水平位移曲线也就不同，一方面，肢强系数越小、墙肢越强，产生同样的局部弯曲所要求的连梁刚度就越大。也就是说，虽然整体性系数较大，但若肢强系数也比较大，则短肢剪力墙的整体性比较差，如本试验的试件2就属于这种类型；另一方面，虽然整体性系数比较小，若此时肢强系数相对比较大，则短肢剪力墙同样可以表现出很好的受力性能，如本试验的试件1就属于这一类型。

（2）短肢剪力墙连梁的屈服先于墙肢的屈服。连梁首先从中间某层开始，随水平荷载的增加依次进入屈服，在连梁的两端形成塑性铰。连梁的破坏为弯曲破坏。所有的连梁屈服后，水平荷载只达到了剪力墙极限承载能力的约30%，顶点侧移不到最后破坏时的10%。因此，短肢剪力墙对连梁的延性有很高的要求。连梁屈服后，其内力重分布存在两种情形，一是连梁的纵向受力钢筋的屈服由梁端向其纵深发展，二是内力在各层连梁之间的分布逐渐趋于相同。连梁的这种内力重分布的特性有利于充分发挥材料的性能，使连梁具有较好的耗能作用。

(3) 墙肢的底部首先出现水平弯曲裂缝，并随着水平荷载的增加，自下向上依次出现水平裂缝。最后墙肢底部的纵向受拉钢筋屈服。此时，剪力墙还未达到其承载能力的极限值。继续增加外荷载，墙肢受压区的混凝土压碎，剪力墙的承载能力下降。此后，对于墙肢相对较强的短肢墙，其承载力下降缓慢，结构还有较大的变形能力，延性较好；对于连梁相对较强的短肢墙，其承载力下降较快，结构的变形能力较小，延性要差一些。

(4) 对连梁相对较强（整体性系数和肢强系数都比较大）的短肢剪力墙，在破坏的最后阶段，由于反复荷载的作用使墙肢底部的混凝土压碎区贯穿整个墙肢截面，混凝土之间的咬合作用完全丧失，同时由于墙肢的弯曲拉伸区纵向受力钢筋已经大量屈服，在混凝土裂缝闭合之前该截面的纵向受力钢筋又因压力过大而失稳，从而使墙肢底部发生滑移剪切破坏。

一般情况下，只要对墙肢的水平施工缝进行合理的设计和施工，中高墙或高墙一般是不会出现剪切滑移破坏的。但在本试验中，尽管两个试件的混凝土在施工中都是一次浇筑成型，但试件 2 的墙肢底部出现了滑移剪切破坏，如图 4.22 所示。由该图可以看出，墙肢底部的混凝土已经沿整个截面被压碎，墙肢的纵向受力钢筋曲屈，墙肢已经产生错位现象。这是因为当墙肢产生屈服时，墙肢截面上的剪力受截面上交替变化的弯压区的影响，使剪力的传递变得更为柔性。同时，由于墙截面的弯曲转动变形，使墙上裂缝之间混凝土的接触面积急剧减小，因而在剪力作用面上的剪应力迅速变大。在反复水平荷载的作用下，这种现象使墙肢混凝土水平裂缝贯穿整个截面，混凝土之间的咬合作用逐渐丧失，墙肢纵向钢筋鞘栓作用也由于钢筋的屈服而大大地削弱。这种滑移剪切破坏会使剪力墙的动力性能变得很差。

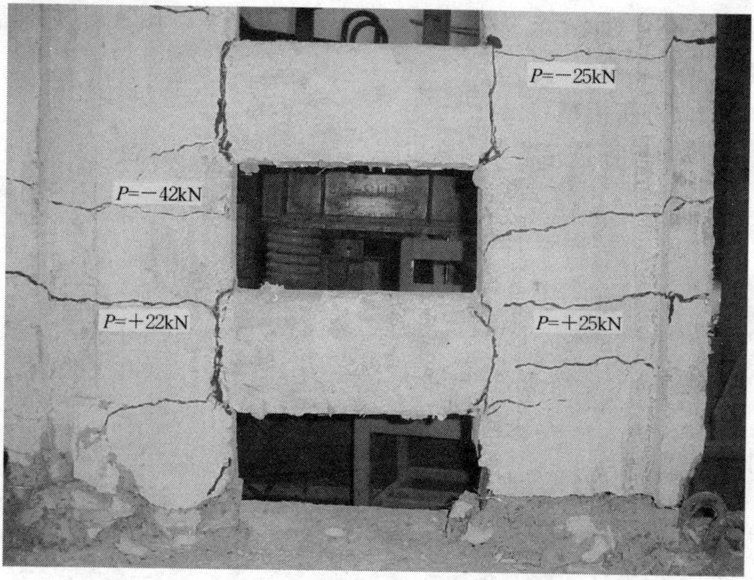

图 4.22　SW2 墙肢底部的滑移剪切破坏

6.3　弹塑性分析

由于混凝土本构关系的复杂性以及对裂缝模式及破坏准则的选取还缺乏一致的看法，因此，应用非线性实体单元对钢筋混凝土短肢剪力墙进行弹塑性分析十分复杂，还会导致求解问题的未知量过多，耗费机时过长，甚至因硬件的限制而无法进行等问题。试验表明，[47]在水平侧向荷载作用下，短肢剪力墙仅在连梁的两端和墙肢的端部因受力钢筋的屈服、混凝土压碎而出现塑性铰，故可采用平面杆单元来模拟短肢剪力墙的连梁和墙肢，而在单元的两端预设塑性铰。由于对应于平面杆系有限元模型的恢复力特性曲线中各参数的确定都是基于试验分析所得到的结果，这些公式中对混凝土的非线性本构关系及构件的开裂模式业已作过考虑，输出的结果也都是弯矩、轴向力和剪力，符合工程习惯。因此，本章应用带刚域的弹塑性杆单元来模拟短肢剪力墙结构的墙肢和连梁，对双肢短肢剪力墙进行了水平荷载作用下的弹塑性分析，研究了塑性铰发展过程和肢强系数、整体性系数、翼缘宽度以及连梁配筋率等因素对其弹塑性性能的影响。

6.3.1 分析模型

弹塑性杆单元单元刚度矩阵为[5]

$$[K_p]=\begin{bmatrix} e & 0 & 0 & -e & 0 & 0 \\ 0 & a & b_i & 0 & -a & b_j \\ 0 & b_i & c_i & 0 & -b_i & d \\ -e & 0 & 0 & e & 0 & 0 \\ 0 & -a & b_i & 0 & a & -b_j \\ 0 & b_j & d & 0 & -b_j & c_j \end{bmatrix} \tag{4.28}$$

其中

$$e=\frac{EA}{l_0+l_i+l_j}$$

$$a=\frac{6EI}{l_0^3}\times\frac{p_i+p_j}{3-(1-\gamma)(p_i+p_j)}$$

$$b_i=\frac{6EI}{l_0^2}\left(1+\frac{2l_i}{l_0}\right)\frac{p_i}{3-(1-\gamma)(p_i+p_j)}$$

$$b_j=\frac{6EI}{l_0^2}\left(1+\frac{2l_j}{l_0}\right)\frac{p_j}{3-(1-\gamma)(p_i+p_j)}$$

$$c_i=\frac{2EI}{l_0}\left[1+\frac{6l_i}{l_0(2+\gamma)}+\frac{6l_i^2}{l_0^2(2+\gamma)}\right]\frac{p_i[3-(1-\gamma)p_j]}{3-(1-\gamma)(p_i+p_j)}$$

$$c_j=\frac{2EI}{l_0}\left[1+\frac{6l_j}{l_0(2+\gamma)}+\frac{6l_j^2}{l_0^2(2+\gamma)}\right]\frac{p_j[3-(1-\gamma)p_i]}{3-(1-\gamma)(p_i+p_j)}$$

$$d=\frac{2EI}{l_0}\left[1+\frac{3(l_i+l_j)}{l_0(1-\gamma)}+\frac{6l_il_j}{l_0^2(1-\gamma)}\right]\frac{(1-\gamma)p_ip_j}{3-(1-\gamma)(p_i+p_j)}$$

$$\gamma=\frac{6\mu EI}{GAl_b^2}$$

$$l_0=l_b-l_i-l_j$$

式中：EI 为墙肢或连梁截面的弯曲刚度；l_i、l_j 分别为 i 端、j 端刚域的长度；γ 为考虑剪切变形影响的系数；p_i、p_j 为系数，其取值与恢复力模型有关，当 i 端或 j 端处于弹性阶段时，p_i 或 p_j 取1，当 i 端或 j 端处于弹塑性阶段时，p_i 或 p_j 取恢复力模型中的 p 值，当 i 端或 j 端处于完全塑性阶段（即单元屈服）时，p_i 或 p_j 取0；GA 为墙肢或连梁的剪切刚度；l_b 为连梁的轴线跨度；μ 为剪应力分布不均匀系数，对矩形截面取1.2。

由于短肢剪力墙的连梁高度与墙肢高度相比较小，且连梁跨高比较大，因此对模拟墙的杆单元不考虑刚域的作用，即在式（4.28）中，令 $l_i=l_j=0$，便可得到墙肢的刚度矩阵。采用三线性恢复力模型，见图4.23。

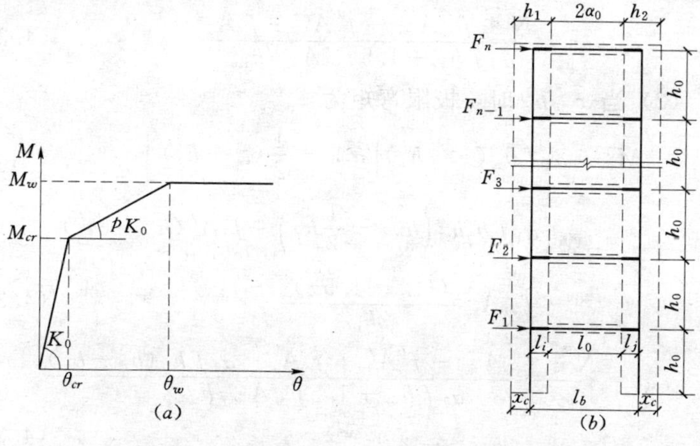

图4.23　短肢剪力墙的弹塑性分析模型

（a）恢复力模型；（b）有限元模型

恢复力模型中的参数确定如下。

1. 开裂弯矩[48]和极限弯矩

$$M_{cr}=\frac{\gamma f_{tk}W_0}{1-\dfrac{r_0}{e_0}} \tag{4.29}$$

其中 $$r_0=\frac{W_0}{A_0},\ e_0=\frac{M}{N}$$

式中：W_0 为计算截面的换算弹性抵抗矩；γ 为考虑截面形状、高度和偏心距影响的塑性系数[49]；f_{tk} 为混凝土抗拉强度标准值；A_0 为计算截面的换算面积；M、N 分别为计算截面的弯矩、轴力。

采用文献［49］中的假设，可以导出大偏心受拉或受压时 T 形截面剪力墙的极限弯矩如下：

（1）当 $x\leqslant h_f$ 时，极限弯矩为

$$M_w=\alpha_1 f_c b_f x\left(h_{w0}-\frac{x}{2}\right)+f'_y A'_s(h_{w0}-a'_s)-f_{yw}A_{sw}\frac{(h_{w0}-1.5x)^2}{2h_{w0}} \tag{4.30}$$

$$x=\frac{N+f_{yw}A_{sw}-f'_y A'_s+f_y A_s}{\alpha_1 f_c b_f+1.5f_{yw}A_{sw}/h_{w0}} \tag{4.31}$$

（2）当 $x>h_f$ 时，极限弯矩为

$$M_w=\alpha_1 f_c b_w(x-h_f)\left[h_{w0}-\frac{1}{2}(x+h_f)\right]+\alpha_1 f_c b_f h_f\left(h_{w0}-\frac{1}{2}h_f\right)+f'_y A'_s(h_{w0}-a'_s)-f_{yw}A_{sw}\frac{(h_{w0}-1.5x)^2}{2h_{w0}} \tag{4.32}$$

$$x=\frac{N+f_{yw}A_{sw}-f'_y A'_s+f_y A_s-\alpha_1 f_c h_f(b_f-b_w)}{\alpha_1 f_c b_w+1.5f_{yw}A_{sw}/h_{w0}} \tag{4.33}$$

其中 $$h_{w0}=h_w-a_s$$

式中：N 为剪力墙的轴向力设计值，当 N 为压力时取正值，拉力时取负值；b_f、h_f 分别为翼缘的宽度和厚度；b_w 为墙肢腹板截面厚度；h_{w0} 为墙肢截面的有效高度；A_{sw} 为墙肢内全部纵向分布筋的截面面积；A_s、A'_s 分别为墙肢截面端部的受拉和受压钢筋的截面面积；α_1 为受压区混凝土矩形应力图应力与混凝土轴心抗压强度设计值的比值，当混凝土强度等级不超过 C50 时取

1.0，当混凝土强度等级为C80时取0.8，当混凝土强度等级在C50和C80之间时，取以上两者之间的线性插值；f_c 为混凝土的轴心抗压强度设计值；A'_s、A_s 分别为墙肢端部受压钢筋、受拉钢筋的面积；h_{w0} 为剪力墙截面的有效高度；h_w 为剪力墙的截面高度；b_w 为剪力墙的截面厚度；f_{w} 为剪力墙墙体竖向分布钢筋的强度设计值。

2. 参数 k_0、p

根据截面变形时的平截面假定，可得

$$k_0 = \frac{M_{cr}}{\theta_{cr}}$$

$$p = \frac{\theta_{cr}}{\theta_w - \theta_{cr}} \times \frac{M_w - M_{cr}}{M_{cr}}$$

式中：θ_{cr}、θ_w 分别为计算截面达到开裂弯矩和极限弯矩时的转角。

根据文献［50］中的假设可知

$$\theta_{cr} = \frac{2\varepsilon_{tu}}{h_w}$$

$$\theta_w = \frac{\varepsilon_{cu} + \varepsilon_y}{h_{w0}}$$

式中：ε_{tu}、ε_{cu} 和 ε_y 分别为混凝土的极限拉应变、极限压应变和钢筋的屈服拉应变。

3. 计算程序

采用增量形式的有限元格式为[50]

$$[K_p]\{\Delta U\} = \{\Delta P\} \tag{4.34}$$

式中：$\{\Delta U\}$、$\{\Delta P\}$ 分别为单元结点位移增量和作用力增量列向量。

加载方式为按比例逐级单调加载，当受拉墙肢出现塑性铰时，即认为结构破坏。应用MATLAB[51]编制分析程序，程序框图见图4.24。

6.3.2 弹塑性过程分析

为了说明短肢剪力墙在水平荷载作用下的弹塑性发展过程，

本章对图 4.25（a）所示的一榀典型的 8 层对称双肢短肢剪力墙（$\alpha=6$，$\zeta=0.929$）进行了弹塑性分析。剪力墙参数：肢高 1200mm，肢厚 200mm，连梁高 310mm，层高 2.8m，墙肢截面配筋率 0.435%，分布筋配筋率 0.25%，连梁上下对称配筋，配筋率为 0.85%。钢筋的屈服强度为 210N/mm^2，混凝土强度等级 C30。

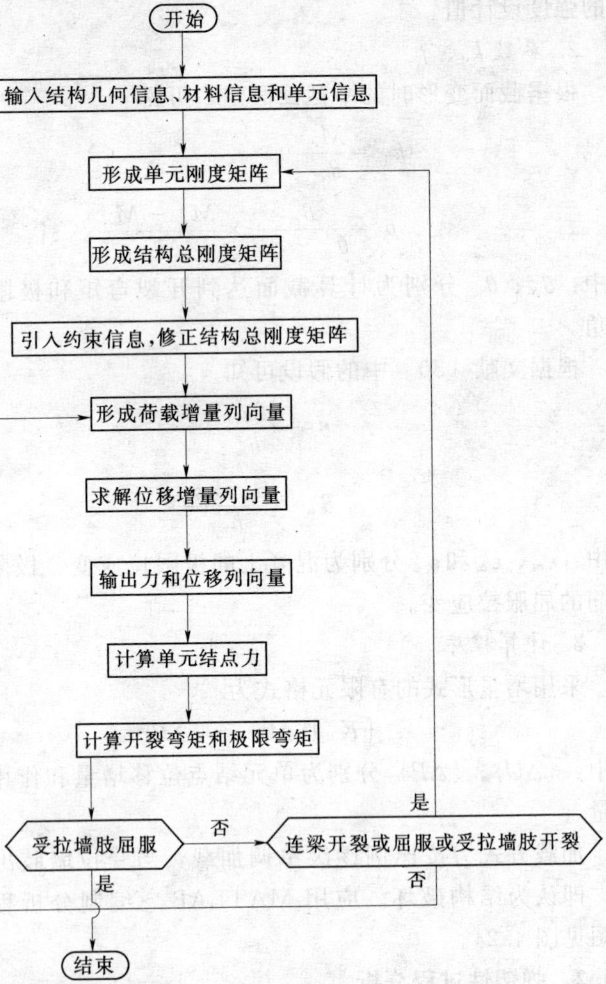

图 4.24 短肢剪力墙弹塑性分析程序框图

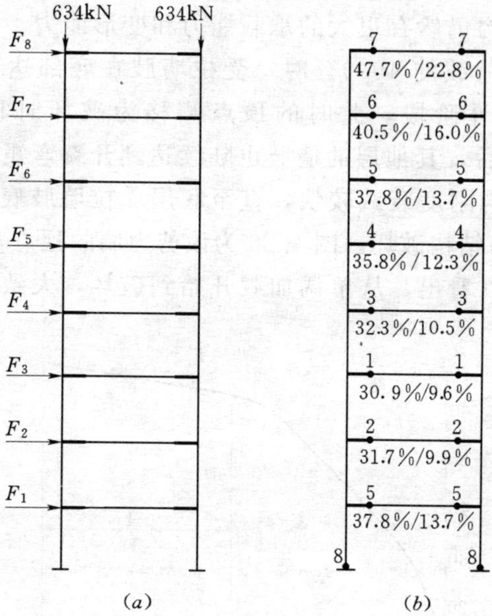

图 4.25　8 层双肢对称短肢剪力墙的分析
模型及破坏机构（$\alpha=6$，$\zeta=0.929$）
（a）分析模型；（b）破坏机构

用上述方法所编制的分析程序对其进行分析。图 4.25（b）为模型的破坏机构，图中数字 1～8 表示塑性铰出铰顺序，梁单元下面的数字为对应于各塑性铰出铰时的顶点荷载与结构破坏时的顶点荷载之比以及顶点侧移与结构破坏时的顶点侧移之比，其中斜线左侧数值为荷载之比，而斜线右侧数值为侧移之比。

由图 4.25 可以看出，在单调增加的水平荷载作用下，当荷载增加到破坏荷载的 30.9%时，第 4 层连梁端部首先屈服，产生塑性铰，此时的顶点侧移为破坏时顶点侧移的 9.6%。继续单调增加水平荷载，结构的第 3、5、6、2、7、8 层连梁相继达到屈服强度而出现塑性铰。当水平荷载增加到破坏荷载的 47.7%时，8 层顶连梁达到屈服强度出现塑性铰，此时顶点侧移为结构破坏时顶点侧移的 22.8%。可见，当所有的连梁都屈服后，结构仍然有很大的承载能力和变形能力。当水平荷载增加到破坏荷载的46.0%时，受拉墙肢在底部达到开裂弯矩而进入弹塑性阶段，此时的顶点侧移为破坏时顶点侧移的18.2%。随后，其他层的墙肢也陆续达到开裂弯矩而进入弹塑性阶段，结构刚度衰减较快，直至底层受拉墙肢底部屈服，出现塑性铰8，结构破坏。图4.26为该剪力墙的顶点水平荷载-侧移曲线，可以看出，从单调加载开始到破坏，大致经历了以下三个阶段：

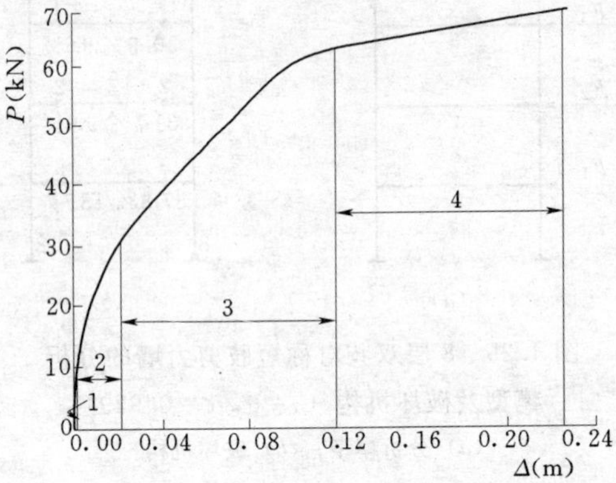

图4.26　顶点水平荷载-侧移曲线

(1) 第1阶段为弹性工作阶段。这一阶段连梁和墙肢都没有出现裂缝，荷载-侧移曲线为一直线。

(2) 第2阶段为带裂缝工作阶段。这一阶段又大致可分为3个小阶段：首先是连梁开裂和屈服阶段，荷载-侧移曲线为一上凸的曲线，表明结构的刚度随连梁裂缝的展开和钢筋的屈服而不断衰减；第2个小阶段是墙肢开裂前阶段，即从所有的连梁都已经屈服到墙肢出现裂缝阶段，荷载-侧移曲线在这一阶段为一较弹性工作阶段平缓的直线，表明连梁屈服后要经过一个相当长的加载时期墙肢才出现裂缝；最后一个小阶段是墙肢裂缝的出现和展开阶段，这一阶段的荷载-侧移曲线也为一上凸的曲线，表明由于墙肢裂缝的出现和展开，结构的侧向刚度进一步快速衰减，且衰减的幅度较大。

（3）第3阶段为墙肢开裂后到墙肢纵向受力钢筋屈服阶段，这一阶段的荷载-侧移曲线为一平缓的直线，表明经过第2阶段后，结构刚度已经很小，随荷载的增加侧移发展较快，最后墙肢截面的受拉区竖向钢筋达到屈服极限。可见，上述分析结果与试验结果是吻合的。

6.4　各参数对弹塑性性能的影响

依据上述分析模型，通过对具有不同的肢强系数ζ、整体性系数α、翼缘宽度b_f和连梁配筋ρ_{sb}在倒三角形侧向荷载作用下的8层对称双肢短肢剪力墙的弹塑性分析，来讨论这些因素对短肢剪力墙弹塑性性能的影响。分析表明，随着侧向荷载的增加，连梁首先进入弹塑性阶段，它们的屈服顺序为4—3—5—6—2—7—8层和8层顶。连梁完全屈服后剪力墙的刚度有所衰减，但并不太大。随着侧向荷载的进一步增加，底层墙肢开裂，剪力墙的刚度衰减明显。最后墙肢弯矩达到极限屈服弯矩，剪力墙破坏。

6.4.1　肢强系数ζ的影响

对三片整体性系数$\alpha=8$，层高为2.8m的8层双肢对称短肢剪力墙进行了弹塑性分析。在顶点对墙肢施加轴向压力，使墙肢的轴压比保持在0.3左右。墙肢截面受拉区钢筋的配筋率为0.435%，连梁的纵向受力钢筋配筋率为0.85%，其余钢筋均为构造配筋，其他参数及计算结果列于表4.3，荷载-侧移曲线见图4.27（a）。

表4.3　肢强系数ζ对弹塑性性能的影响

序号	肢距(m)	肢高(m)	连梁高(m)	肢强系数	开裂弯矩(kN·m)	极限弯矩(kN·m)	顶点极限位移(m)
1	4.90	1.20	0.40	0.929	260.7	750.5	0.346
2	4.90	1.30	0.42	0.923	300.9	855.2	0.310
3	4.90	1.40	0.45	0.918	325.3	946.8	0.265

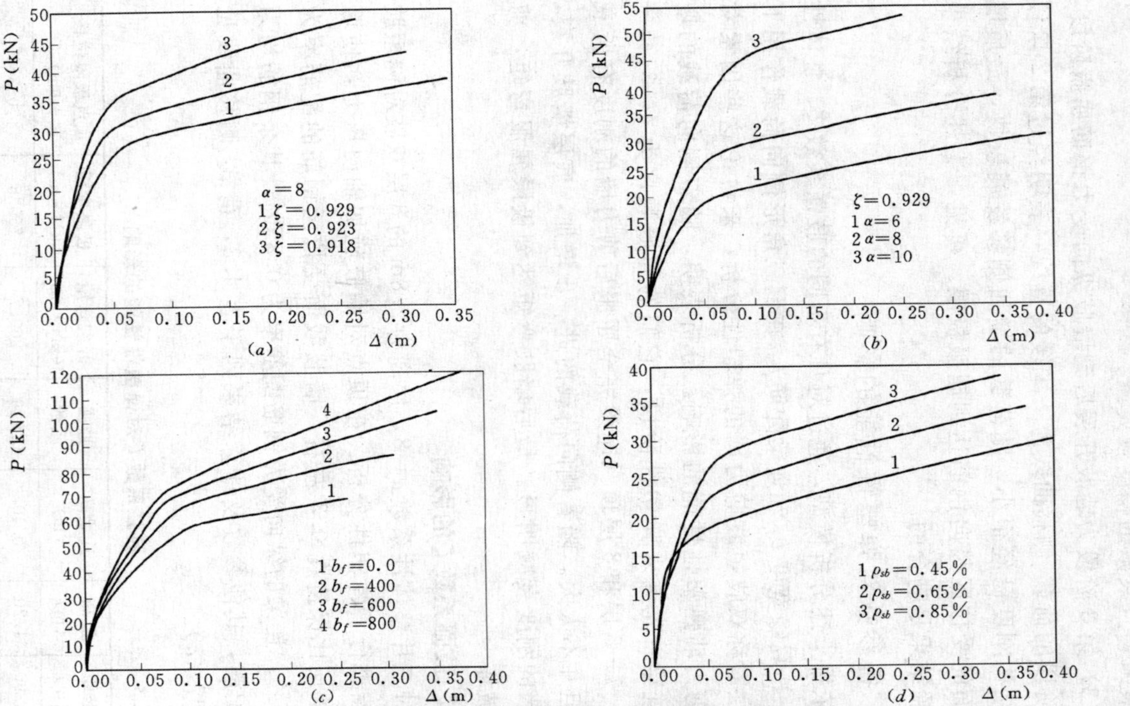

图 4.27 各种因素对短肢剪力墙弹塑性性能的影响

(*a*)肢强系数 ζ 影响；(*b*)整体性系数 α 影响；(*c*)翼缘宽度 b_f 的影响；(*d*)连梁配筋率 ρ_{sb} 的影响

分析结果表明，当整体性系数 α、肢距、墙肢及连梁的配筋率不变时，随着肢强系数 ζ 的减小，短肢剪力墙的位移延性减小，开裂弯矩和极限弯矩增加，破坏荷载也随之增加。这是因为当 α 和肢距一定时，随着 ζ 的减小，墙肢和连梁的截面高度和刚度都随之增大，但墙肢截面高度和刚度的增幅远大于连梁截面高度和刚度的增幅。这就导致了连梁和墙肢的开裂弯矩、极限弯矩增加，连梁的屈服延迟，而达到开裂弯矩和极限弯矩时截面的转角却减小。反映在恢复力特性中即 K_0 和 p 增加，曲线变陡，从而使得荷载-侧移曲线变陡。同时，在抵抗外荷载所形成的总弯矩中，墙肢承受的弯矩所占比例上升，而连梁承受的弯矩所占比例下降。因此，墙肢承受的弯矩随外荷载的增加而迅速增加，ζ 较大的墙肢提前破坏。

6.4.2　整体性系数 α 的影响

与前述类似，固定短肢剪力墙的肢强系数 $\zeta=0.929$，整体性系数 α 分别为 6、8 和 10。其余参数见表 4.4，荷载-侧移曲线见图 4.27 (*b*)。分析表明，当肢强系数 ζ 一定且墙肢配筋率不变时，短肢剪力墙的墙肢开裂弯矩随着整体性系数 α 的增加而降低，但其墙肢极限弯矩不变。位移延性比随 α 的增大而降低，破坏荷载增加。这是因为当肢距和 ζ 一定时，墙肢的肢高一定，而连梁的截面高度随 α 的增加而增加，从而使连梁的开裂弯矩、极限弯矩增加，其恢复力特性曲线变陡，且连梁的屈服延迟。由于连梁对墙肢约束的增强，使得侧向荷载下的双肢短肢剪力墙的受拉墙肢中拉力增加，轴压比降低，所以受拉墙肢的开裂弯矩降低。同时，由于连梁承受的弯矩比例上升而墙肢承受的弯矩比例下降，因此当连梁屈服后墙肢弯矩迅速增加，破坏较 α 小的剪力墙提前，延性降低。

表 4.4　整体性系数 α 对弹塑性性能的影响

序号	肢距 (m)	肢高 (m)	连梁高 (m)	整体性系数	开裂弯矩 (kN·m)	极限弯矩 (kN·m)	顶点极限位移 (m)
1	4.90	1.20	0.31	6	271.7	750.5	0.397

续表

序号	肢距 (m)	肢高 (m)	连梁高 (m)	整体性系数	开裂弯矩 (kN·m)	极限弯矩 (kN·m)	顶点极限位移 (m)
2	4.90	1.20	0.40	8	260.7	750.5	0.346
3	4.90	1.20	0.49	10	239.0	750.5	0.251

6.4.3 翼缘宽度的影响

为了研究墙肢翼缘宽度对短肢剪力墙弹塑性性能的影响，固定墙肢、连梁的截面高度和配筋率，仅变化墙肢翼缘宽度。尺寸及分析结果列于表4.5，其荷载-侧移曲线见图4.27（*c*）。可以看出，翼缘的宽度对剪力墙的弹塑性性能有很大的影响。随着翼宽的增加，墙肢的开裂弯矩增加，但增幅不大，而墙肢的极限弯矩和位移延性的增幅较大，剪力墙的承载能力也有较大幅度的提高。由侧移-荷载曲线可以看出，随着翼宽的增加，墙肢的耗能能力也有较大幅度的提高。

表4.5 翼缘宽度对弹塑性性能的影响

序号	肢距 (m)	肢高 (m)	连梁高 (m)	翼缘宽度 (m)	开裂弯矩 (kN·m)	极限弯矩 (kN·m)	顶点极限位移 (m)
1	6.0	1.50	0.60	0.00	434.7	1048.7	0.225
2	6.0	1.50	0.60	0.40	510.2	1661.9	0.304
3	6.0	1.50	0.60	0.60	554.2	2275.1	0.353
4	6.0	1.50	0.60	0.80	591.1	2888.2	0.386

6.4.4 连梁配筋率的影响

表4.6给出了尺寸完全相同，仅连梁配筋率不同的三片短肢剪力墙的弹塑性分析结果，图4.27（*d*）为它们的荷载-侧移曲线。结果表明，当短肢剪力墙的尺寸及墙肢配筋率完全相同时，随着连梁配筋率的增加，短肢剪力墙的位移延性减小，破坏荷载增加。对于本文所分析的短肢剪力墙，连梁的配筋率每增加0.1%，剪力墙的破坏荷载约增加6.75%。同时，墙肢的开裂弯矩有所降低，但降幅不大，而墙肢的极限弯矩不变。这

是因为，虽然连梁配筋率的增加对其开裂弯矩的影响很小，但却使其极限弯矩增加较多，因而延迟了连梁的屈服。也就是说由于连梁的屈服而使内力向墙肢转移的内力重分布被延迟了，进而也就延迟了墙肢的开裂和屈服，所以，剪力墙的开裂荷载和破坏荷载也就增加了。同时，由于墙肢开裂的延迟，使得开裂时受拉墙肢中的拉力增加，故墙肢的开裂弯矩有所降低。此外，因为墙肢开裂时的内力及水平外荷载都较连梁低配筋率时高，故墙肢一旦开裂，其内力增加也较快，所以剪力墙的延性也就随之降低。

表4.6　连梁的配筋率对弹塑性性能的影响

序号	肢距（m）	肢高（m）	连梁高（m）	连梁配筋率	开裂弯矩（kN·m）	极限弯矩（kN·m）	顶点极限位移（m）
1	4.90	1.20	0.40	0.45%	275.1	750.5	0.406
2	4.90	1.20	0.40	0.65%	267.6	750.5	0.374
3	4.90	1.20	0.40	0.85%	260.7	750.5	0.346

第7节　动力特性分析

工程界对短肢剪力墙结构的动力学特性，尤其对其抗震性能还缺乏统一的认识。我国现行《高层建筑混凝土结构技术规程》没有对短肢剪力墙的结构分析作专门的规定，设计分析仍然沿用普通剪力墙的设计方法。而在抗震设计方面，对其轴压比和截面构造设计采取了比普通剪力墙更严格的限制措施。事实上，短肢剪力墙由于其墙肢较短、连梁截面高度较小，因此，是一种强肢弱梁型的结构，它的抗侧移刚度比普通的剪力墙小，在水平地震作用下，其振动周期较长而地震作用较小。试验证明，短肢剪力墙在低周反复荷载作用下的破坏为延性弯曲破坏，故《高层建筑混凝土结构技术规程》对短肢剪力墙的设计采取更严格的构造措施是否恰当，是值得商榷的。文献［36］和文献［38］分别对一栋采用短肢剪力墙筒体结构体系的30层高楼模型和一栋33层短肢剪力墙结构模型（缩比均为1/20）进行了模拟多种烈度地震振动台试验，研究了这种结构体系的抗震性能。试验模型并没有按照《高层建筑混凝土结构技术规程》的要求进行更严格的构造措施设计，试验结果表明，该体系具有良好的抗震性能，是一种很值得在7度地震区、20～30层高层住宅建筑中推广采用的结构体系。

为了研究短肢剪力墙结构体系的动力特性，并将其和普通剪力墙结构体系的动力特性进行比较，本节应用SAP2000有限元程序，建立了一栋实际工程的三维有限元模型（见图4.28），分析并比较它们的动力特性。工程的标准层平面见图4.29。结果表明，与普通剪力墙结构体系相比，短肢剪力墙结构体系具有抗侧移刚度较小、基本周期较长、加速度反应较小和层间剪力小等特点。可见，虽然短肢剪力墙结构的墙肢较短，水平荷载作用下结构的侧移比较大，但其抗侧移刚度较小，所受到的地震作用较小，因而，在抗震性能方面有其独特的优势。

(*a*) (*b*)

图4.28 三维有限元模型

(*a*) 短肢墙结构；(*b*) 普通墙结构

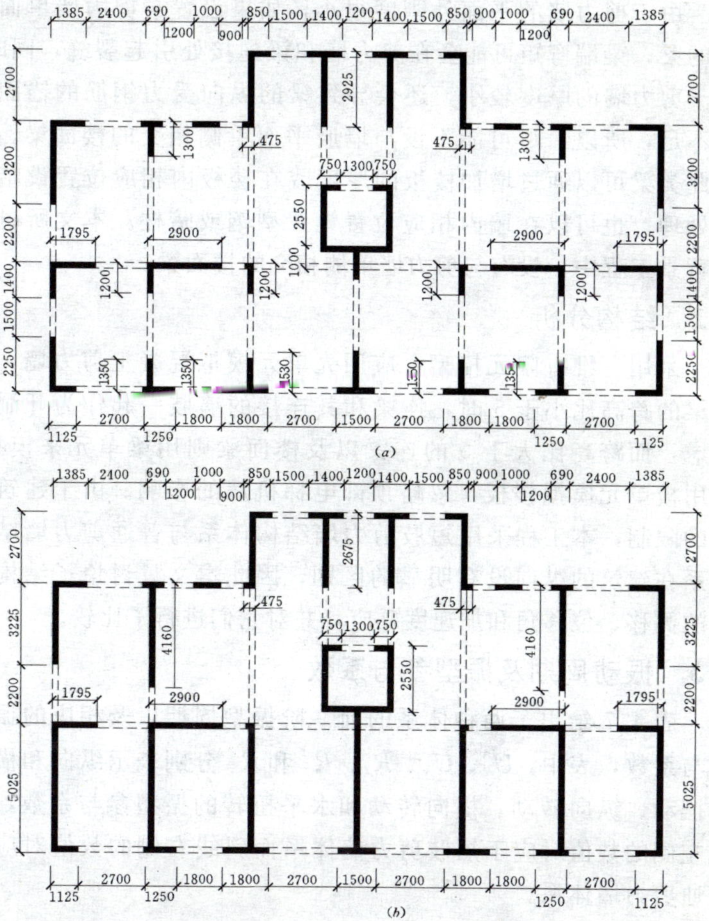

图 4.29　两种体系的结构方案

(*a*) 短肢剪力墙结构体系；(*b*) 普通剪力墙结构体系

7.1　结构布置

振动台试验[38]表明，短肢剪力墙的抗震薄弱环节是建筑平面外缘及角点处的墙肢，当有扭转效应时，这些部位的墙肢会首先开裂。因此，在结构四角的外墙布置了一定数量的普通剪力墙（墙肢截面肢高肢厚比大于 8），并适当增加了外墙的厚度，这样可以增加结构外围的刚度和强度，对减少结构扭转和抗倒塌是有利的。

由于剪力墙的平面外刚度很小，如果设置与剪力墙单面相交的梁，梁端弯矩可能会在剪力墙和梁连接处引起裂缝，同时，由于剪力墙的厚度较小，还会导致梁的纵向受力钢筋的锚固长度不足，所以，尽可能不设与墙肢平面单侧相交的楼面梁。对于此类梁可以通过增加楼板的厚度或在楼板内相应位置设暗梁来处理，也可以在墙内相应位置设置型钢或暗柱。本文所讨论的背景工程中，没有与剪力墙单侧相交的楼面梁。

7.2 结构分析

采用三维有限元模型，应用壳单元模拟混凝土剪力墙，当连梁的跨高比小于 5 时，连梁和其连接的墙肢一起作为开洞墙考虑，而跨高比大于 5 的连梁以及楼面梁则用梁单元来模拟。采用板单元模拟楼板，忽略顶部电梯机房的影响。由于建筑功能的限制，本工程采用短肢剪力墙结构体系与普通剪力墙结构体系在建筑的纵向没有明显的区别，因此本文只讨论了结构横向的侧移、位移角和加速度反应，并对它们进行了比较。

7.3 振动周期及振型参与系数

表 4.7 给出了两种体系的前 9 阶振型周期以及相应的振型参与系数，表中，U_x、U_y、R_x、R_y 和 R_z 分别表示纵向和横向的摆动、纵向转动、横向转动和水平扭转的振型参与系数，斜线左侧的数值对应于短肢剪力墙体系而斜线右侧的数值对应于普通剪力墙体系。

表 4.7　两种结构体系的振型参与系数

振型	周期(s)	U_x	U_y	R_x	R_y	R_z
1	0.675/0.488	0.0/1.38	1.33/0.0	−32233/0.0	0.0/32766	0.0/−4215
2	0.653/0.293	−1.01/0.0	0.0/1.43	0.0/−34350	−24375/0.0	−7490/17122
3	0.325/0.210	−0.92/−0.52	0.0/0.0	0.0/0.0	−21465/−10785	8690/14093

续表

振型	周期(s)	U_x	U_y	R_x	R_y	R_z
4	0.168/0.126	−0.50/0.65	0.0/0.0	0.0/0.0	−1732/1367	−3467/−1469
5	0.160/0.080	0.0/0.0	−0.67/0.23	3409/−1860	0.0/0.0	0.0/2777
6	0.10/0.078	−0.40/0.0	0.0/0.63	0.0/−2730	−663/0.0	3833/7596
7	0.076/0.069	0.0/−0.37	−0.09/0.0	537/0.0	0.0/−1072	0.0/3284
8	0.074/0.063	−0.34/0.0	0.0/−0.28	0.0/967	−1321/0.0	−1564/−3344
9	0.071/0.050	0.0/0.30	0.39/0.0	−1579/0.0	0.0/478	0.0/−1447

由表 4.7 可以看出，短肢剪力墙结构体系的各阶振型周期较普通剪力墙结构体系相应振型的周期长，可见短肢剪力墙结构比普通的剪力墙结构的抗侧移刚度小。通过表 4.7 中的各阶振型参与系数，能够清楚地表明各振型对振动反应总量的贡献。例如，对于短肢剪力墙结构体系，其第 1 振型为结构横向摇摆振动，没有水平扭转振动，而普通剪力墙结构体系的第 1 振型为纵向摇摆振动加水平扭转。同样，其他各振型对振动形态的贡献也可以从表 4.7 中的振型参与系数看出。

7.4　侧移曲线

图 4.30（*a*）分别给出了两种结构体系楼层刚度中心横向的侧移。由图可以看出，短肢剪力墙的侧移较普通剪力墙的大，但能够满足《高层建筑混凝土结构技术规程》中侧移限值的要求，再次表明，短肢剪力墙结构的抗侧移刚度较小。图 4.30（*a*）还表明，两种结构体系的侧向变形曲线形态不同。短肢剪力墙结构体系的侧移曲线呈明显的弯剪型，而普通剪力墙结构体系的侧移曲线呈弯曲型。对两种侧移曲线的数值分析结果显示，短肢剪力墙结构体系侧移曲线的反弯点相对高度为 0.63，而普通剪力墙结构体系侧移曲线没有反弯点，这与文献［9］的分析结果是吻合的。

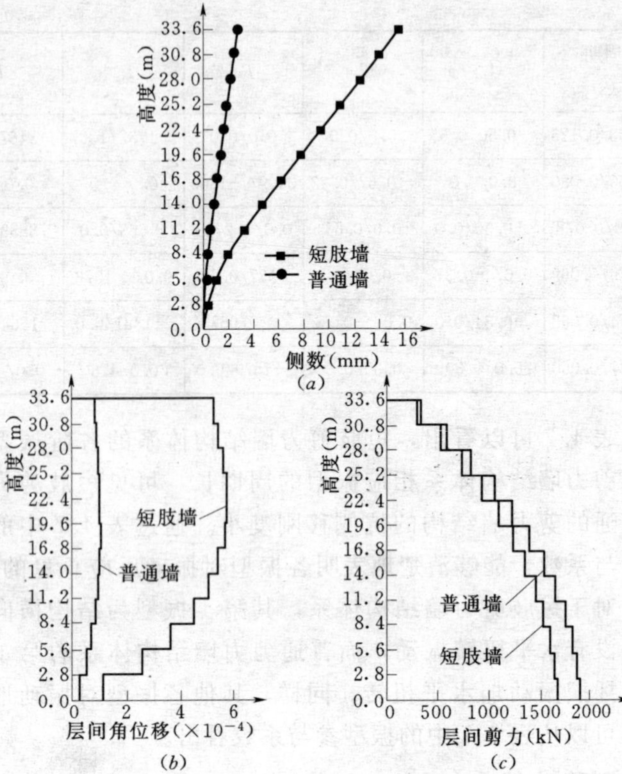

图 4.30 两种结构体系的侧移曲线、层间位移角以及层间剪力的比较

(*a*) 侧移曲线；(*b*) 层间位移角；(*c*) 层间剪力

7.5 层间角位移

图 4.30（*b*）为两种结构体系的层间角位移，可以看出，短肢剪力墙结构体系的层间角位移均大于处于相同工况下的普通剪力墙结构体系的层间角位移，但均没有超过《高层建筑混凝土结构技术规程》对层间角位移的限值。

7.6 层间剪力

图 4.30（*c*）为短肢剪力墙结构体系和普通剪力墙结构体系的层间剪力。可以看出，与普通剪力墙结构体系相比，短肢剪

力墙结构体系的层间剪力有所减小。这表明，短肢剪力墙的地震反应比普通的剪力墙结构小。短肢剪力墙的这一特性对结构的抗震设计是有利的。

7.7 加速度反应

输入 El Centro 波，分别对两种结构模型进行弹性动力时程分析。输入的场地最大加速度为 220cm/s^2。图 4.31 为两种结构体系顶层横向加速度反应的时程曲线对比。可以看出，短肢剪力墙体系的加速度反应较小，这说明，它所受到的地震作用较小。这一点已从短肢剪力墙结构体系的层间剪力较小得到了验证。

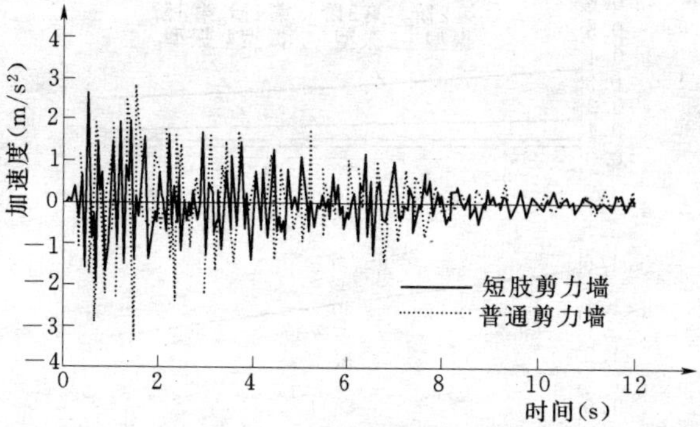

图 4.31 加速度反应比较

7.8 整体性系数 α、肢强系数 ζ 对动力特性的影响

为了研究整体性系数 α、肢强系数 ζ 对短肢剪力墙动力特性的影响，分别取 α 和 ζ 为变量，应用第 3 章所得到的联肢墙的侧移刚度系数矩阵，对 14 榀 10 层短肢剪力墙的自由震动进行了分析。结果表明，当肢强系数 ζ 不变时，短肢剪力墙的自由振动周期随整体性系数 α 的增加而减小。且这种变化规律只对低阶振型的影响显著，而对高阶振型的影响甚微。同样，短肢剪力墙的自由振动周期亦随肢强系数 ζ 的增加而减小，且这种规律也只对低阶振型的影响显著。图 4.32 给出了前 5 阶振型随整体性系数 α、肢强系数 ζ 变化的曲线，由图 4.32 (*a*) 可以看出，第 3 阶及其以上的振型周期随 α 增加的变化已经很不明显。同样，图 4.32 (*b*) 中，

第 3 阶及其以上的振型周期对 ζ 变化的反应也很不明显。由此可以得出结论：短肢剪力墙的第 1 阶和第 2 阶振型的周期对肢强系数 ζ、整体性系数 α 的变化反应敏感，且随 α 和 ζ 的增加而减小，第 3 阶及其以上的高阶振型周期对 ζ 和 α 的变化反应很不明显。

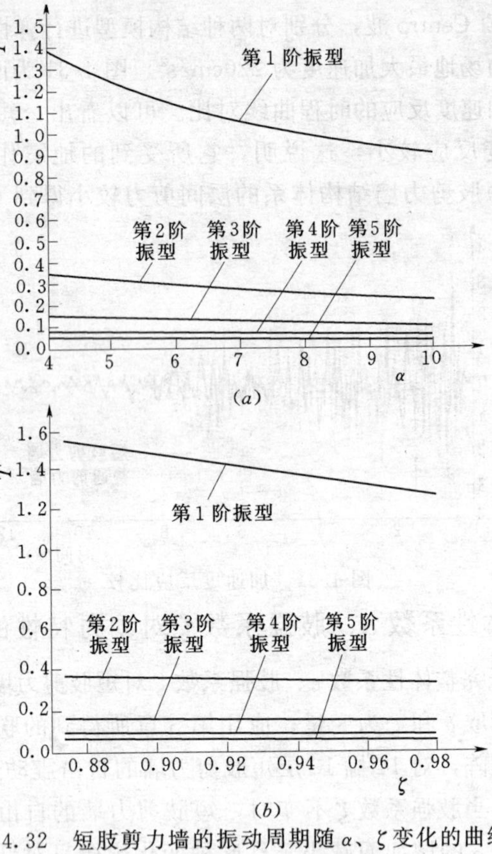

图 4.32 短肢剪力墙的振动周期随 α、ζ 变化的曲线

(a) 周期随 α 的变化（$\zeta=0.938$）；(b) 周期随 ζ 的变化（$\alpha=4$）

第 8 节 设 计 建 议

根据以上试验和分析结果，对短肢剪力墙的设计提出以下建议：

(1) 肢强系数和整体性系数是界定短肢剪力墙的重要参数，

在短肢剪力墙尺寸设计时，应使这两个参数满足表4.8的要求。同时，通过本试验可以看出，对于整体性系数较大的短肢剪力墙，应尽可能使其肢强系数小。这样的结构在水平反复荷载作用下的滞回曲线比较饱满，耗能能力强。

（2）合理确定连梁和墙肢的强度。要确保连梁的屈服先于墙肢的屈服。和框架结构一样，短肢剪力墙的设计也要遵循强肢弱梁、强剪弱弯的原则。

（3）对于整体性系数和肢强系数都比较大的短肢剪力墙，要考虑墙肢的底部出现滑移剪切破坏的可能。因此，对于此类短肢剪力墙的底部墙肢，应做竖向钢筋抗滑移验算。竖向钢筋的抗滑移作用可以近似地按下式计算：[1]

$$V = 0.25A_{sw}f_y \tag{4.35}$$

式中：A_{sw} 为全部竖向钢筋的配筋面积；f_y 为竖向钢筋的设计屈服强度。

为了防止墙肢的底部出现滑移剪切破坏，Paulay建议在墙肢的底部配置交叉的斜向抗侧移钢筋，[1] 见图4.33。斜向钢筋应至少能够承受全部剪力值的50%。钢筋斜穿过滑移面的拉和压屈服范围，它们所能承受的弯矩为

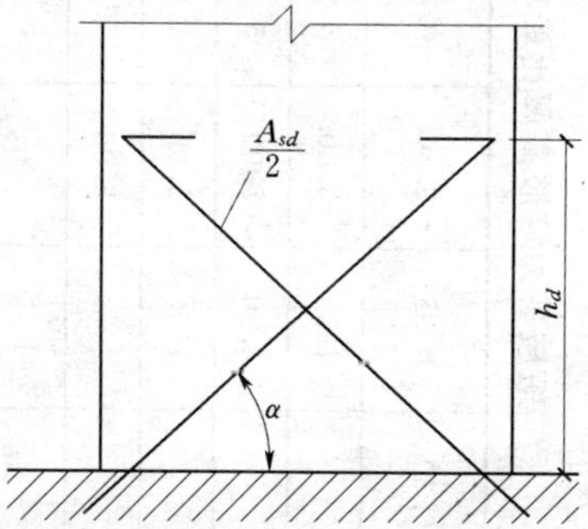

图4.33　斜向抗滑移钢筋

$$M_d = 0.5l_dA_{sd}f_{yd}\sin\alpha \tag{4.36}$$

斜向钢筋能增加墙肢底部截面抗滑移剪切能力，按下式计算：

$$V_d = A_{sd}f_{yd}\left(\cos\alpha - \frac{l_d}{2h_d}\sin\alpha\right) \tag{4.37}$$

式中：A_{sd} 为斜向钢筋的总面积；f_{yd} 为斜向钢筋的屈服强度；l_d 为斜向钢筋在水平方向的投影力臂长度；α 为斜向钢筋的倾斜角。

表 4.8　短肢剪力墙肢高厚比最小值

楼层数	m	连梁高度 h_b(m) / 肢距 l(m)	0.30	0.35	0.40	0.45	0.50	0.55	0.60	0.65	0.70
8	2	4.00		4.50	5.00	5.20	5.60	6.00	6.30	6.80	7.25
		4.50		4.50	5.00	5.20	5.55	5.90	6.30	6.65	7.00
		5.00		4.50	5.00	5.20	5.60	5.90	6.25	6.60	7.00
		5.50			5.00	5.25	5.60	5.95	6.25	6.60	6.90
		6.00				5.20	5.60	5.95	6.30	6.60	6.90
		6.50					5.60	5.95	6.30	6.65	6.95
		7.00						5.95	6.30	6.65	6.95
	3	4.00		4.50	4.80	5.10	5.50	5.90	6.25	6.70	7.15
		4.50		4.50	4.80	5.15	5.50	5.80	6.15	6.50	6.85
		5.00			4.80	5.15	5.50	5.80	6.10	6.45	6.80
		5.50				5.15	5.50	5.85	6.15	6.45	6.80
		6.00					5.50	5.85	6.15	6.45	6.80
		6.50						5.85	6.15	6.45	6.80
		7.00							6.15	6.45	6.80

续表

楼层数	m	肢距 l(m) \ 连梁高度 h_b(m)	0.30	0.35	0.40	0.45	0.50	0.55	0.60	0.65	0.70
8	4	4.00		4.50	4.80	5.15	5.50	5.90	6.25	6.70	7.25
		4.50		4.50	4.80	5.15	5.45	5.80	6.15	6.45	6.80
		5.00			4.85	5.15	5.45	5.80	6.10	6.40	6.75
		5.50				5.10	5.45	5.80	6.10	6.40	6.70
		6.00					5.45	5.80	6.10	6.40	6.70
		6.50						5.75	6.10	6.40	6.70
		7.00							6.05	6.40	6.70
	5	4.00		4.50	4.80	5.15	5.55	5.90	6.30	6.75	
		4.50		4.50	4.80	5.15	5.50	5.80	6.15	6.50	6.85
		5.00			4.80	5.15	5.50	5.80	6.10	6.40	6.75
		5.50				5.10	5.50	5.80	6.10	6.40	6.70
		6.00					5.40	5.80	6.10	6.40	6.70
		6.50						5.70	6.10	6.40	6.70
		7.00							6.05	6.40	6.70

续表

楼层数	m	连梁高度 h_b(m) / 肢距 l(m)	0.30	0.35	0.40	0.45	0.50	0.55	0.60	0.65	0.70
10	2	4.00	4.35	4.80	5.10	5.45	5.70	5.90			
		4.50	4.30	4.75	5.20	5.55	5.85	6.15	6.40	6.60	
		5.00	4.20	4.70	5.15	5.55	6.00	6.30	6.55	6.80	7.00
		5.50		4.65	5.10	5.55	6.00	6.40	6.70	7.00	7.25
		6.00		4.60	5.05	5.50	5.95	6.35	6.75	7.10	7.40
		6.50			5.05	5.50	5.90	6.35	6.70	7.10	7.50
		7.00				5.40	5.85	6.30	6.70	7.10	7.45
		7.50					5.75	6.25	6.65	7.05	7.45
		8.00					5.75	6.20	6.60	7.00	7.40
	3	4.00	4.30	4.75	5.10	5.40	5.65	5.90	6.05		
		4.50	4.25	4.70	5.10	5.50	5.80	6.05	6.30	6.50	
		5.00	4.20	4.65	5.10	5.50	5.90	6.20	6.45	6.70	6.90
		5.50		4.55	5.00	5.45	5.85	6.25	6.60	6.85	7.10
		6.00			4.95	5.40	5.85	6.20	6.60	7.00	7.25
		6.50				5.35	5.75	6.20	6.60	6.95	7.30
		7.00				5.25	5.70	6.10	6.55	6.90	7.30
		7.50					5.70	6.05	6.45	6.90	7.25
		8.00						6.05	6.40	6.80	7.25

续表

楼层数	m	连梁高度 h_b(m) / 肢距 l(m)	0.30	0.35	0.40	0.45	0.50	0.55	0.60	0.65	0.70
10	4	4.00	4.30	4.75	5.10	5.40	5.65	5.90	6.05		
		4.50	4.25	4.65	5.10	5.50	5.80	6.05	6.30	6.50	
		5.00		4.60	5.05	5.45	5.85	6.15	6.45	6.70	6.90
		5.50		4.50	5.00	5.40	5.80	6.20	6.55	6.80	7.05
		6.00			4.95	5.35	5.75	6.15	6.55	6.90	7.20
		6.50				5.25	5.70	6.10	6.50	6.90	7.25
		7.00					5.60	6.05	6.45	6.85	7.20
		7.50						6.00	6.40	6.80	7.15
		8.00						5.95	6.35	6.75	7.10
	5	4.00	4.30	4.75	5.15	5.50	5.75	5.95	6.15		
		4.50	4.20	4.70	5.10	5.50	5.85	6.10	6.35	6.55	6.70
		5.00		4.60	5.05	5.45	5.85	6.20	6.45	6.70	6.95
		5.50			5.00	5.40	5.80	6.20	6.55	6.85	7.05
		6.00			4.90	5.30	5.75	6.15	6.50	6.90	7.20
		6.50				5.30	5.65	6.05	6.50	6.85	7.20
		7.00					5.65	6.00	6.40	6.80	7.15
		7.50						6.00	6.35	6.75	7.15
		8.00							6.25	6.70	7.05

续表

楼层数	m	连梁高度 h_b(m) / 肢距 l(m)	0.30	0.35	0.40	0.45	0.50	0.55	0.60	0.65	0.70
12	2	4.00	4.10	4.35	4.50	4.65					
		4.50	4.20	4.50	4.75	5.00	5.05				
		5.00	4.20	4.60	5.00	5.10	5.30	5.45	5.55		
		5.50	4.20	4.60	5.00	5.25	5.45	5.70	5.85	6.00	
		6.00	4.15	4.55	5.00	5.35	5.65	5.85	6.05	6.25	6.40
		6.50		4.55	4.95	5.35	5.75	6.00	6.20	6.40	6.65
		7.00			4.95	5.35	5.75	6.10	6.40	6.60	6.80
		7.50			4.90	5.30	5.75	6.10	6.45	6.75	7.00
		8.00				5.30	5.65	6.10	6.45	6.80	7.10
	3	4.00	4.10	4.35	4.50	4.65					
		4.50	4.15	4.50	4.70	4.90	5.05				
		5.00	4.10	4.55	4.85	5.05	5.30	5.45	5.55		
		5.50	4.10	4.50	4.90	5.20	5.45	5.65	5.80	5.95	6.05
		6.00		4.50	4.90	5.25	5.55	5.80	6.00	6.20	6.30
		6.50		4.50	4.90	5.25	5.60	5.90	6.15	6.35	6.55
		7.00			4.85	5.25	5.65	6.00	6.30	6.50	6.70
		7.50				5.25	5.60	6.00	6.30	6.65	6.85
		8.00				5.15	5.55	6.00	6.30	6.65	7.00

续表

楼层数	m	连梁高度 h_b(m) / 肢距 l(m)	0.30	0.35	0.40	0.45	0.50	0.55	0.60	0.65	0.70
12	4	4.00	4.15	4.35	4.60	4.70					
		4.50	4.15	4.50	4.75	4.95	5.05	5.15			
		5.00	4.15	4.50	4.90	5.10	5.30	5.45	5.55		
		5.50	4.10	4.55	4.90	5.25	5.45	5.65	5.85	5.95	6.05
		6.00		4.50	4.85	5.25	5.60	5.80	6.00	6.15	6.30
		6.50			4.85	5.20	5.60	6.00	6.15	6.35	6.50
		7.00			4.85	5.20	5.55	5.90	6.25	6.50	6.70
		7.50				5.20	5.55	5.90	6.25	6.60	6.80
		8.00					5.55	5.90	6.25	6.60	6.90
	5	4.00	4.20	4.40	4.65	4.75					
		4.50	4.15	4.55	4.80	5.00	5.15	5.25			
		5.00	4.15	4.55	4.90	5.15	5.35	5.50	5.60	5.75	
		5.50		4.50	4.90	5.25	5.50	5.70	5.90	6.00	6.10
		6.00		4.50	4.90	5.25	5.60	5.80	6.00	6.20	6.35
		6.50			4.85	5.20	5.60	5.90	6.15	6.35	6.55
		7.00				5.15	5.55	5.90	6.25	6.50	6.70
		7.50				5.15	5.50	5.85	6.25	6.55	6.80
		8.00					5.50	5.85	6.25	6.55	6.85

注　m 为翼缘的宽度与厚度之比。

第5章　剪力墙的设计和构造

剪力墙是一种抵抗侧向力的结构单元。它可以组成完全由墙体抵抗侧力的剪力墙结构，也可以和框架共同抵抗侧向力而形成框架-剪力墙结构，实腹筒也是由剪力墙组成的。剪力墙具有较大抗侧移刚度，在结构中往往承受水平力的大部分，成为一种有效的抗侧力结构。在地震区，设置剪力墙（筒体）可以改善结构抗震性能。在抗震结构中剪力墙也称为抗震墙。近30年来，国内外对剪力墙进行了许多实验研究，提出了很多改进设计的建议。[2,4,5]

钢筋混凝土剪力墙的设计要求是：在正常使用荷载及风载、小震作用下，结构应处于弹性工作阶段，裂缝宽度不能过大；在中等强度地震作用下（设防烈度），允许进入弹塑性状态，必须保证在非弹性变形的反复作用下，有足够的承载力、延性及良好的吸收地震能量的能力；在强烈地震作用（罕遇烈度）下，剪力墙不允许倒塌。

第1节　墙肢截面承载力计算

1.1　正截面抗弯承载力计算

剪力墙墙肢是在弯、拉（压）、剪共同作用下的复合受力构件，其正截面承载力计算方法与偏心受压柱或受拉杆相同。但剪力墙除在墙内配有均匀分布的分布钢筋外，还在墙肢的端部集中配置了纵向受力钢筋，这就使得墙肢的承载力计算与普通柱有不同之处。考虑到分布钢筋比较细，因此在设计中一般仅考虑其受拉屈服部分的作用，而忽略受压区分布筋和靠近中和轴的部分受拉分布筋的作用，这样处理是偏于安全的。

墙肢可根据破坏形态不同分为大偏压、小偏压、大偏拉和小偏拉四种情况。根据平截面假定及极限状态下截面应力分布假定，见图 5.1（*c*）、（*d*），并进行简化后得到截面计算公式。

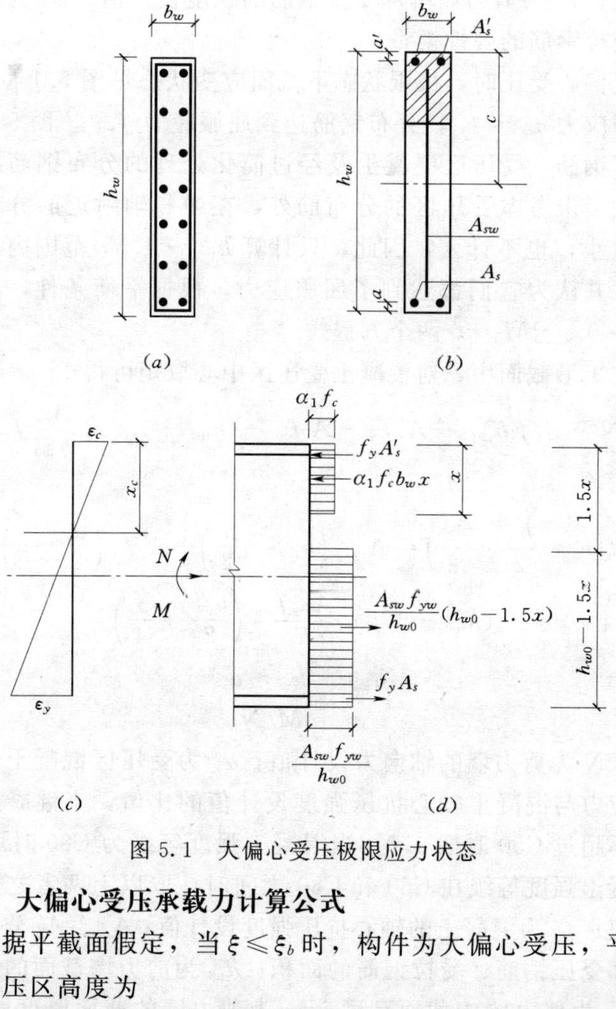

图 5.1　大偏心受压极限应力状态

1.1.1　大偏心受压承载力计算公式

根据平截面假定，当 $\xi \leqslant \xi_b$ 时，构件为大偏心受压，平衡配筋的受压区高度为

$$\xi_b = \frac{\beta_1}{1 + \frac{f_y}{0.0033E_s}} \tag{5.1}$$

式中：β_1 为随混凝土强度提高而逐渐降低的系数，当混凝土强度等级不超过 C50 时取 0.8，当混凝土强度等级为 C80 时取 0.74，当混凝土强度等级在 C50 和 C80 之间时，取以上两者之间的线性插值；f_y 为剪力墙端部受拉钢筋的强度设计值；E_s 为剪力墙端部受拉钢筋的弹性模量。

大偏心受压时，极限状态下截面应变状态见图 5.1（c）。受拉钢筋应力 $\sigma_s = f_y$，分布钢筋达到屈服应力 f_{yw}。图 5.1（d）为端部钢筋、受压区混凝土及经过简化处理的分布钢筋应力分布。除了未考虑受压区的分布筋外，在中和轴附近的分布钢筋应力较小，也不计入，因此，只计算 $h_{w0}-1.5x$ 范围内的分布钢筋，并认为它们都达到了屈服应力。根据平衡条件，可写出 $\sum N=0$、$\sum M=0$ 两个方程式。

在矩形截面中，对混凝土受压区中心取矩可得

$$N=\alpha_1 f_c b_w x+A'_s f_y-A_s f_y-(h_{w0}-1.5x)\frac{A_{sw}}{h_{w0}}f_{yw} \tag{5.2}$$

$$N\left(e_0-\frac{h_w}{2}+\frac{x}{2}\right)=A_s f_y\left(h_{w0}-\frac{x}{2}\right)+A'_s f_y\left(\frac{x}{2}-a\right)+(h_{w0}-1.5x)\frac{A_{sw}f_{yw}}{h_{w0}}\left(\frac{h_{w0}}{2}+\frac{x}{4}\right) \tag{5.3}$$

其中

$$h_{w0}=h_w-a_s$$

$$e_0=M/N$$

式中：N 为剪力墙的轴向力设计值；α_1 为受压区混凝土矩形应力图应力与混凝土轴心抗压强度设计值的比值，当混凝土强度等级不超过 C50 时取 1.0，当混凝土强度等级为 C80 时取 0.8，当混凝土强度等级在 C50 和 C80 之间时，取以上两者之间的线性插值；f_c 为混凝土的轴心抗压强度设计值；A'_s、A_s 分别为墙肢端部受压钢筋、受拉钢筋的面积；h_{w0} 为剪力墙截面的有效高度；h_w 为剪力墙的截面高度；b_w 为剪力墙的截面厚度；f_{yw} 为剪力墙墙体竖向分布钢筋的强度设计值；e_0 为轴向作用力的偏心矩；A_{sw} 为剪力墙腹板中竖向分布钢筋总面积，布置在 h_{w0} 高

度范围内；以上参数见图5.1。

在对称配筋下，$A_s = A'_s$，由基本公式（5.2）得到受压区相对高度ξ的计算公式：

$$\xi = \frac{x}{h_{w0}} = \frac{N + A_{sw}f_{yw}}{\alpha_1 f_c b_w h_{w0} + 1.5A_{sw}f_{yw}}$$

将式（5.3）展开，并忽略x^2项，整理后得

$$M = \frac{A_{sw}f_{yw}}{2}h_{w0}\left(1 - \frac{x}{h_{w0}}\right)\left(1 + \frac{N}{A_{sw}f_{yw}}\right) + A'_s f_y(h_{w0} - a')$$

式中：右边第一项为竖向分布筋抵抗弯矩，用M_{sw}表示；右边第二项为端部纵向受力钢筋的抵抗弯矩。

设计时要求如下：

$$M \leqslant M_{sw} + A'_s f_y(h_{w0} - a') \tag{5.4}$$

$$A_s = A'_s \geqslant \frac{M - M_{sw}}{f_y(h_{w0} - a')} \tag{5.5}$$

其中

$$M_{sw} = \frac{A_{sw}f_{yw}}{2}h_{w0}\left(1 - \frac{x}{h_{w0}}\right)\left(1 + \frac{N}{A_{sw}f_{yw}}\right) \tag{5.6}$$

在设计时，先根据构造要求给定竖向分布筋A_{sw}及f_{yw}，即可求出M_{sw}及端部配筋A_s、A'_s。必须注意验算是否满足$\xi \leqslant \xi_b$，如不满足，则应按小偏压计算配筋。

在非对称配筋时，$A_s \neq A'_s$，则需先给定M_{sw}及任意一端配筋A_s或A'_s，由基本公式求解ξ及另一端配筋，求出的ξ必须满足$\xi \leqslant \xi_b$的要求。

当截面为T形或I形时，要首先判断中和轴位置，区别中和轴在翼缘中和在腹板中两种情况，分别建立截面平衡方程。上述简化处理仍可适用，读者可自行推导计算公式。无论在哪种情况下，都必须符合$x \geqslant 2a'$的条件，否则按$x = 2a'$进行计算。

1.1.2　小偏心受压承载力计算

在小偏心受压时（见图5.2），截面全部受压或大部分受压，受拉部分的钢筋未达到屈服应力，因此所有分布钢筋都不计入抗弯。这时，剪力墙截面的抗弯承载力计算基本公式为

$$N = \alpha_1 f_c b_w x + A'_s f_y - A_s \sigma_s \tag{5.7}$$

$$N\left(e_0 + \frac{h_w}{2} - a\right) = \alpha_1 f_c b_w x\left(h_{w0} - \frac{x}{2}\right) + A'_s f_y (h_{w0} - a') \tag{5.8}$$

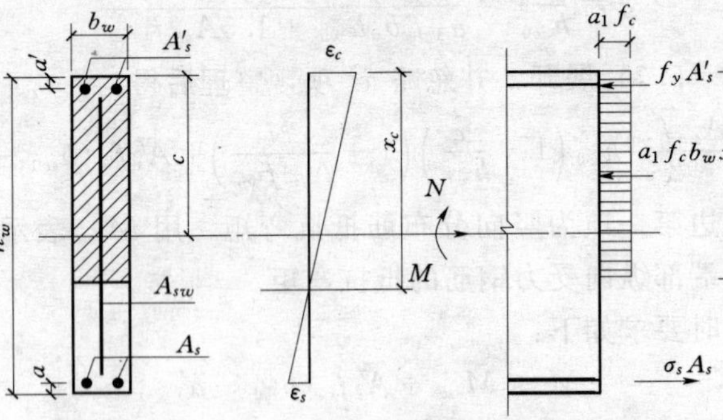

图 5.2 小偏心受力极限应力状态

受拉钢筋应力 σ_s 根据平截面假定确定，为简化计算，可以采用下述公式：

$$\sigma_s = \frac{\xi - \beta_1}{\xi_b - \beta_1} f_y$$

在对称配筋情况下，对于常用的Ⅰ、Ⅱ级钢筋，在求解时采用下述近似方程：

$$\xi = \frac{N - \xi_b \alpha_1 f_c b_w h_{w0}}{\dfrac{Ne - 0.45\alpha_1 f_c b_w h_{w0}^2}{(\beta_1 - \xi_b)(h_{w0} - a')} + \alpha_1 f_c b_w h_{w0}} + \xi_b$$

其中 $$e = e_0 + \frac{h_w}{2} - a$$

将求出的 ξ 值代入式（5.8）可得

$$A_s = A'_s = \frac{Ne - \xi(1 - 0.5\xi)\alpha_1 f_c b_w h_{w0}^2}{f_y (h_{w0} - a')} \tag{5.9}$$

在非对称配筋下，可先按端部构造配筋要求给定 A_s，然后由式（5.7）、式（5.8）求解 ξ 及 A'_s。如果 $\xi \geqslant h_w / h_{w0}$，即全截面受压，此时，$A'_s$ 可直接由下式求出：

$$A'_s = \frac{Ne - \alpha_1 f_b b_w h_w \left(h_{w0} - \dfrac{h_w}{2}\right)}{f_y (h_{w0} - a')} \tag{5.10}$$

墙腹板中的竖向分布钢筋按构造要求配置。在小偏心受压时，要求验算剪力墙平面外的稳定，此时，按轴心受压构件计算。

1.1.3　偏心受拉承载力计算

当 $e_0 \geqslant h/2 - a$ 为大偏心受拉；$e_0 < h/2 - a$ 为小偏心受拉。剪力墙设计中要避免小偏心受拉的情况，本节仅介绍大偏心受拉的情况。在大偏心受拉情况下（见图5.3），截面部分受拉，极限状态下的截面应力分布与大偏心受压相同，忽略压区及中和轴附近分布钢筋作用的假定也相同。因而，基本计算公式与大偏压相似，仅轴力的符号不同。

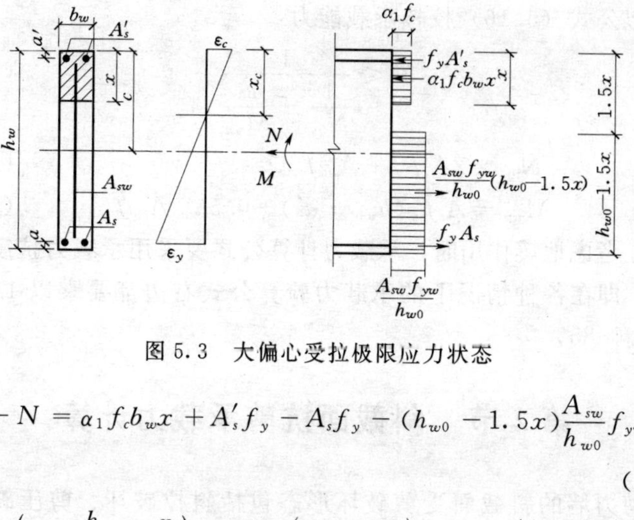

图5.3　大偏心受拉极限应力状态

$$-N = \alpha_1 f_c b_w x + A'_s f_y - A_s f_y - (h_{w0} - 1.5x)\frac{A_{sw}}{h_{w0}} f_{yw} \tag{5.11}$$

$$N\left(e_0 + \frac{h_w}{2} - \frac{x}{2}\right) = A_s f_y\left(h_{w0} - \frac{x}{2}\right) + A'_s f_y\left(\frac{x}{2} - a'\right) + \frac{A_{sw} f_{yw}}{h_{w0}}(h_{w0} - 1.5x)\left(\frac{h_{w0}}{2} + \frac{x}{4}\right) \tag{5.12}$$

因此，在对称配筋时，计算公式与大偏压相似，仅轴力 N 的有关项需变号。

$$\xi = \frac{-N + A_{sw} f_{yw}}{\alpha_1 f_c b_w h_{w0} + 1.5 A_{sw} f_{yw}} \tag{5.13}$$

$$M \leqslant M_{sw} + A'_s f_y (h_{w0} - a') \tag{5.14}$$

$$M_{sw}=\frac{A_{sw}f_{yw}}{2}h_{w0}\left(1-\frac{x}{h_{w0}}\right)\left(1-\frac{N}{A_{sw}f_{yw}}\right) \tag{5.15}$$

式中：A_s、A_s' 由式（5.5）计算得出，与大偏压相同。

与大偏心受压情况类似，需先给定分布筋 A_{sw} 及 f_{yw}。但是，由式（5.13）可知，给定的分布钢筋除应满足构造要求外，还必须满足下式，才能保证截面上 $\xi>0$，即存在受压区。

$$A_{sw}>\frac{N}{f_{yw}}$$

在小偏心受拉情况下，或大偏心受拉但混凝土受压区很小（$x\leqslant 2a'$）时，按全部截面受拉假定计算配筋。当对称配筋时，用近似公式（5.16）校核承载能力：

$$N\leqslant\frac{1}{\dfrac{1}{N_{0u}}+\dfrac{e_0}{M_{wu}}} \tag{5.16}$$

其中
$$N_{0u}=2A_sf_y+A_{sw}f_{yw} \tag{5.17}$$
$$M_{wu}=A_sf_y(h_{w0}-a')+0.5h_{w0}A_{sw}f_{yw} \tag{5.18}$$

在考虑地震作用时，承载力计算公式要采用承载力抗震调整系数，即在各种情况下的承载力验算公式右边都要乘以 $1/\gamma_{RE}$，γ_{RE} 取 0.85。

第 2 节　斜截面抗剪承载力计算

剪力墙的斜截面受剪破坏形态包括斜拉破坏、剪压破坏和斜压破坏三种。其中，斜拉破坏和斜压破坏比剪压破坏更显得脆性，设计中应尽量避免。当无腹部钢筋或腹部钢筋过少时，斜裂缝一旦出现，很快会形成一条主裂缝，使构件劈裂而丧失承载能力，这就是斜拉破坏。避免这类破坏的主要措施是配置必需的腹部钢筋，即通过限制墙肢内的最小配筋率来避免。若剪力墙截面过小或混凝土强度等级选择不当，会导致截面剪应力过高，腹板中较早出现斜裂缝，尽管按照计算要求配置足够腹部钢筋，但过多的腹部钢筋并不能充分发挥作用，在钢筋应力较小时，混凝土就被剪压破碎了。这种破坏只能用加大混凝土截面或提高混凝土等级来防止，在设计中则从限制截面的剪压比体现这一要求；当配置足够的腹部钢筋时，腹部钢筋可抵抗斜裂缝的开展。随着裂缝逐步扩大，混凝土受剪的区域减小，最后在压应力及剪应力的同时作用下，混凝土破碎而丧失承载能力。剪力墙抗剪腹筋计算主要是建立在这种破坏形态的基础上的。

2.1　剪力设计值

由于剪力墙截面高度较大，腹板厚度较小，对剪切变形比较敏感。因此，在塑性铰区必须按照强剪弱弯的设计原则，用截面达到屈服时的剪力进行截面抗剪验算，以保证塑性铰出现之前，墙肢不剪坏。此外，墙肢很容易出现斜裂缝。截面屈服以后，在反复荷载作用下，斜裂缝扩展，会使腹板混凝土酥裂破碎，剪力墙的塑性铰区会出现很大滑移，使构件丧失承载能力而延性减小。因此，在塑性铰区，限制剪压比应当更加严格，分布钢筋的数量应当适当增加，配筋形式亦可改进，以改善腹板混凝土的性能。

为保证塑性铰范围内不过早出现剪切破坏，剪力墙底部加强部位墙肢截面的剪力设计值，　、二、三级抗震等级时应按下式调整：

$$V = \eta_{vw} V_w \tag{5.19}$$

9度抗震设计时，剪力设计值应满足下式：

$$N = 1.1 \frac{M_{wua}}{M_w} V_w \tag{5.20}$$

式中：V 为考虑地震作用组合时剪力墙墙肢底部加强部位截面的剪力设计值；V_w 为考虑地震作用组合时剪力墙墙肢底部加强部位截面的剪力计算值；M_{wua} 为考虑承载力调整系数 γ_{RE} 后的剪力墙墙肢正截面抗弯承载力，应按实际配筋面积、材料强度标准值和轴向力设计值确定，有翼墙时应考虑墙两侧各一倍翼墙厚度范围内的纵向钢筋；M_w 为考虑地震作用组合的剪力墙墙肢截面的弯矩设计值；η_{vw} 为剪力增大系数，一级取1.6，二级取 1.4，三级取 1.2。

抗震等级为四级或无地震作用组合时，剪力设计值可不调整，取内力组合时得到的最大剪力。

2.2　抗剪承载力计算公式

剪力墙腹板中存在竖向及水平分布钢筋，二者对抵抗斜裂缝都有作用，它们各自作用的大小与剪跨比、斜裂缝倾斜角度有关。但是在设计中，通常将二者的功能分开：竖向分布筋抵抗弯矩，而水平分布筋抵抗剪力。因此，斜截面抗剪承载力计算的主要目的，是在已定的截面尺寸及混凝土等级下，计算水平分布筋的面积。

试验表明，截面上存在一定的轴向压力对提高抗剪承载力是有利的，而轴向拉力会减小斜截面抗剪承载力。此外，在反复荷载作用下，抗剪承载力会降低。因此，考虑地震作用时应采用较低的抗剪承载力。

偏心受压及受拉斜截面抗剪承载力验算公式如下（偏心受拉时 N 取负值）：

无地震作用组合时：

$$V \leqslant \frac{1}{\lambda - 0.5}\left(0.5 f_t b_w h_{w0} + 0.13N\frac{A_w}{A}\right) + f_{yh}\frac{A_{sh}}{s}h_{w0} \tag{5.21}$$

有地震作用组合时：

$$V \leqslant \frac{1}{\lambda_{RE}}\left[\frac{1}{\lambda - 0.5}\left(0.4 f_t b_w h_{w0} + 0.1N\frac{A_w}{A}\right) + 0.8 f_{yh}\frac{A_{sh}}{s}h_{w0}\right] \tag{5.22}$$

其中

$$\lambda = \frac{M}{Vh_{w0}}$$

式中：V 为设计剪力，1～3 级抗震设计及 9 度设防时由强剪弱弯要求得到，其他情况则取内力组合得到的最大计算剪力；A 为剪力墙截面全面积；A_w 为工形或 T 形截面中腹板的面积，矩形截面 $A_w = A$；N 为与剪力相应的轴向压力或拉力设计值，抗震设计时，应考虑地震作用效应组合，若 $N > 0.2f_cb_wh_{w0}$，取 $N = 0.2f_cb_wh_{w0}$；f_{yh} 为水平钢筋抗拉设计强度；A_{sh} 为配置在同一水平截面内水平分布钢筋的全部截面面积；s 为水平钢筋间距；λ 为截面剪跨比，当 $\lambda < 1.5$ 时，取 $\lambda = 1.5$，当 $\lambda > 2.2$ 时，取 $\lambda = 2.2$。

当截面受拉而使公式右边第一项小于0时，取其等于0，验算时不考虑混凝土作用，

即
$$V \leqslant f_{yh}\frac{A_{sh}}{s}h_{w0}$$

或
$$V \leqslant \frac{1}{\gamma_{RE}}\left(0.8f_{yh}\frac{A_{sh}}{s}h_{w0}\right)$$

2.3　水平施工缝截面抗滑移验算

由于施工工艺要求，在各层楼板标高处都存在施工缝。施工缝可能形成薄弱部位，出现滑移剪切破坏。特别是在地震作用下，施工缝容易开裂，开裂后主要依靠竖向钢筋和摩擦力抵抗滑移，而在竖向地震力作用下，摩擦力将减小。因此，在一级抗震设计中，应进行水平施工缝抗滑移验算。施工缝抗滑移验算公式如下：

$$V_{wj} = \frac{1}{\gamma_{RE}}(0.6f_yA_s + 0.8N) \tag{5.23}$$

式中：V_{wj} 为水平施工缝处设计剪力；N 为水平施工缝处考虑地震作用组合的最不利轴向力设计值，压力取正值，拉力取负值；A_s 为剪力墙水平施工缝处腹板竖向分布钢筋、竖向插筋和边缘构件（不包括两侧翼墙）纵向钢筋的总截面面积。

当用上式验算不能满足时，可以配置抗滑移竖向附加筋，附加筋在施工缝上下均应满足锚固长度要求，其面积计入 A_s。

第3节　剪力墙的构造

悬臂剪力墙是剪力墙中的基本形式，是只有一个墙肢的构件，其设计方法也是其他各类剪力墙设计的基础。本节将介绍

墙肢构件基本的设计方法、影响墙肢延性的主要因素及提高延性的构造措施。

3.1 破坏形态和设计要求

悬臂剪力墙可能出现弯曲、剪切和滑移（剪切滑移或施工缝滑移）等多种破坏形态。在正常使用及风荷载作用下，剪力墙应当处于弹性工作阶段，不出现裂缝或仅有微小裂缝。因此，抗风设计的基本方法是：按弹性方法计算内力及位移，限制结构位移并按极限状态方法计算截面配筋，满足各种构造要求。

在地震作用下，先以小震作用按弹性方法计算内力及位移，进行截面设计。在中等地震作用下，剪力墙将进入塑性阶段，剪力墙应当具有延性和耗散地震能量的能力。因此，应当按照抗震等级进行剪力墙构造和截面验算，满足延性剪力墙的要求，以实现中震可修、大震不倒的设计目标。

悬臂剪力墙是静定结构，只要有一个部位达到极限承载力，构件就丧失承载能力。在水平荷载作用下，剪力墙的弯矩和剪力都在基底部位最大。因而，基底截面是设计的控制断面。沿高度方向，在剪力墙断面尺寸改变或配筋变化的地方，也是控制断面，也要进行承载力验算，包括前节讲过的正截面抗弯和斜截面抗剪的承载力计算。

3.2 剪力墙截面尺寸及剪压比限制

剪力墙结构混凝土强度等级不应低于C20，短肢剪力墙的混凝土强度等级不应低于C25，且墙厚不小于200mm。

为保证墙体的稳定及浇灌混凝土的质量，非抗震设计和三、四级抗震等级的剪力墙厚度不应小于楼层高度的1/25，且不应小于160mm；其底部加强区厚度不宜小于层高的1/20，且不宜小于160mm。两端有翼墙或端柱的剪力墙厚度，一、二级不应小于楼层的1/20，且不宜小于160mm；其底部加强区厚度不应小于层高的1/16，且不宜小于200mm；当底部加强部位无端柱或翼墙时，截面厚度不宜小于楼层净高的1/10。剪力墙井筒中，分隔电梯井或管道井的墙厚度可适当减小，但不小于160mm（一、二级抗震等级）及140mm（三、四级抗震等级）。

为了避免剪力墙斜压破坏，要限制剪压比，即混凝土截面平均剪应力与混凝土抗压强度比值。为此，剪力墙的截面尚应符合下列要求：

无地震作用组合时：

$$V_w \leqslant 0.25\beta_c f_c b_w h_{w0} \tag{5.24}$$

有地震作用组合时，剪跨比大于2.5时：

$$V_w \leqslant \frac{1}{\gamma_{RE}}(0.20\beta_c f_c b_w h_{w0}) \tag{5.25}$$

有地震作用组合时，剪跨比不大于2.5时：

$$V_w \leqslant \frac{1}{\gamma_{RE}}(0.15\beta_c f_c b_w h_{w0}) \tag{5.26}$$

式中：V_w 为剪力墙截面剪力设计值，应根据式（5.19）和式（5.20）调整；h_{w0}为剪力墙截面的有效高度。

当不能满足上述要求时，应加大截面尺寸或提高混凝土等级。

3.3 剪力墙截面配筋构造

3.3.1 配筋形式

图5.4为剪力墙的配筋形式。一般剪力墙内竖向和水平分布钢筋有单排配筋和多排配筋两种形式。其中，单排配筋施工方便，因为在同样的含钢率下，钢筋直径较粗。但是，当墙厚度较大时，表面容易出现温度收缩裂缝。此外，在山墙及楼电梯间墙上仅有一侧有楼板，竖向力产生平面外偏心受压，在水平力作用下，垂直于力作用方向的剪力墙也会产生平面外弯矩。因此，在高层剪力墙结构中，不允许采用单排配筋。当剪力墙厚度大于140mm时，竖向和横向分布钢筋应双排设置，拉结筋间距不应大于600mm，直径不应小于6mm；当剪力墙厚度大于800mm时，宜采用四排配筋。各

排分布钢筋之间的拉结钢筋间距不应大于700mm，直径不宜小于6mm，在底部加强部位，约束边缘构件以外的拉结筋间距尚应适当加密。

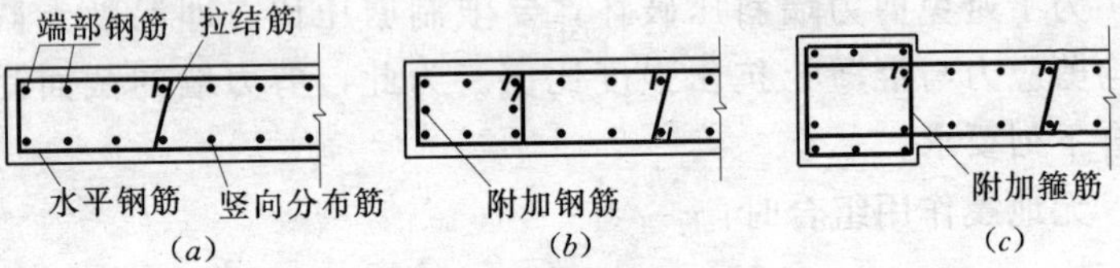

图5.4 剪力墙的配筋形式

(a) 双排配筋；(b) 带暗柱的剪力墙；(c) 带明柱的剪力墙

3.3.2 分布钢筋最小配筋率

墙板内分布钢筋具有以下两方面作用：

(1) 当斜裂缝出现后能限制斜裂缝的扩展，防止混凝土开裂后发生脆性破坏，并使墙在破坏前有一定预兆，使剪压破坏有一定的延性。

(2) 如因温度收缩或其他原因产生裂缝时，剪力墙仍能抵抗外荷载。

虽然在截面计算中竖向和水平分布钢筋分别抵抗弯矩和剪力，但是在上述两方面，它们的作用是类似的。因此，剪力墙中竖向分布筋和水平分布筋最小配筋率是相同的。根据试验及设计经验，《高层建筑混凝土结构技术规程》规定的分布筋构造要求如表5.1。分布筋的配筋率按式(5.27)计算：

表5.1 剪力墙水平和竖向分布筋要求

	抗震等级	最小配筋率	最大间距(mm)	最小直径(mm)
一般剪力墙	一、二、三级	0.25%	300	8
	四级、非抗震	0.20%	300	8
B级高度剪力墙	特一级	一般部位0.35% 加强部位0.40%	300	8

续表

	抗震等级	最小配筋率	最大间距（mm）	最小直径（mm）
一般剪力墙	一、二、三级	0.25%	300	8
	四级、非抗震	0.20%	300	8
温度应力较大部位剪力墙	抗震与非抗震	0.25%	200	—

注　温度应力较大部位剪力墙是指房屋顶层剪力墙、长矩形平面的楼梯间和电梯间剪力墙、端开间纵向剪力墙和端山墙。

$$\rho_{sw}=\frac{A_{sw}}{b_w s} \tag{5.27}$$

式中：A_{sw} 为间距 s 范围内配置在同一截面内的竖向或水平分布钢筋各肢总面积。

加强部位是指一些应力情况比较复杂，温度收缩应力大或者容易出现裂缝的部位，这些部位的配筋率应提高。这些部位包括剪力墙底层和顶层、现浇山墙、楼电梯间墙、内纵墙端开间、抗震剪力墙的塑性铰区。

3.3.3　剪力墙洞口配筋

开洞剪力墙的洞口边缘会产生应力集中，所以，在洞口应配以适当的构造钢筋以抵抗洞口周边的应力集中，必要时还可配斜向（成45°角）钢筋。《高层建筑混凝土结构技术规程》规定，当剪力墙开有非连续小洞口（其各边长度小于800mm），且在整体计算中不考虑其影响时，应将洞口被截断的分布钢筋分别集中配置在洞口的四周，且钢筋的直径不应小于12mm；穿过连梁的管道宜预埋套管，洞口上下的有效高度不宜小于梁高的1/3，且不宜小于200mm，洞口四周宜配置补强钢筋，被洞口削弱的截面应进行承载力验算（见图5.5）。开有门窗洞口时的剪力墙，洞口边缘钢筋必须按连梁及墙肢等构件截面计算结果配置。当计算不需要时，应在洞口每侧分别设置两根面积不小于 $0.6A_{sh}$ 的构造钢筋，A_{sh} 为被洞口切断的分布钢筋的总截面面积。构造钢筋直径不宜小于12mm，自孔边伸入墙体内的长度应不小于纵筋的锚固要求（见图 5.5）。当非抗震设计时，图中的锚固长度取 l_a。

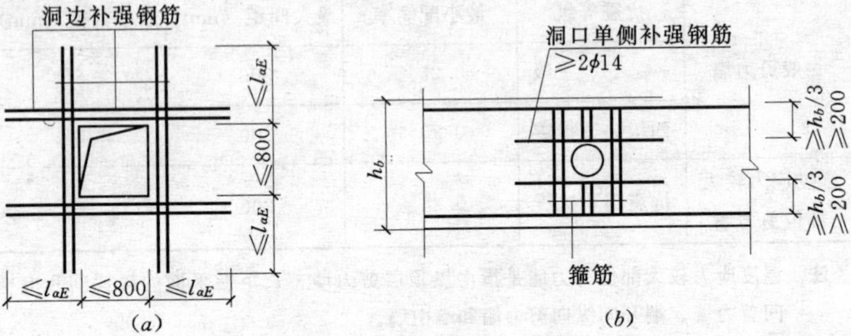

图 5.5 洞口补强配筋示意图

（非抗震设计时，图中的 l_{aE} 取 l_a）

(a) 剪力墙洞口补强；(b) 连梁洞口补强

当剪力墙上开小洞口（如穿管道所需的小洞），而未切断原有的分布筋时，可利用分布筋作洞口边的钢筋；当洞口已切断分布筋时，则每边应放置不小于切断的钢筋面积，并且不少于 2ϕ8 构造筋。

3.3.4 钢筋锚固和连接要求

非抗震设计时，剪力墙纵向钢筋的最小锚固长度不应小于 l_a，抗震设计时不应小于 l_{aE}。剪力墙的水平及竖向搭接连接构造见图 5.6。一、二级抗震等级剪力墙的加强部位，接头部位应错开，错开净距离不宜小于 500mm，同一部位的钢筋搭接数量不宜超过总配筋量的 50%，其他情况剪力墙的钢筋可在同一部位搭接。钢筋的搭接长度：非抗震设计时不应小于 $1.2l_a$，抗震设计时不应小于 $1.2l_{aE}$。暗柱及端柱纵向钢筋连接长度和锚固长度与框架柱相同。

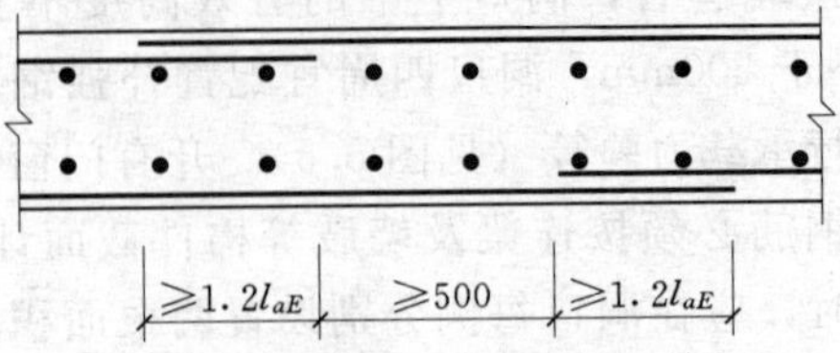

图 5.6 剪力墙分布钢筋的连接

（非抗震设计时，图中的 l_{aE} 取 l_a）

第 4 节　延性剪力墙的设计和构造

延性设计的前提是不允许结构产生脆性破坏，甚至是有限的延性破坏也要控制。在地震作用下，剪力墙上塑性铰的弯曲屈服对整个墙的强度、非线性变形以及结构的耗能能力起控制作用。试验表明：①边缘构件（翼缘、边柱等）对其延性的影响很大，当截面没有边缘构件时，延性较差，有边缘构件，延性大大提高；②剪力墙轴向力加大，截面承载力提高，但延性明显降低；③总钢筋用量基本相等，但端部钢筋与分布钢筋的分配比例不同，当端部钢筋增加、分布筋减少时，即可提高承载力，也可提高延性；④混凝土强度等级对抗弯承载力影响不大，但对延性影响很大，混凝土强度高，延性好。

进一步的分析还表明，与压弯构件情况一样，在弯曲破坏条件下影响延性最根本的因素是受压区高度和混凝土极限应变值。受压区高度减小和极限应变加大都可以增加截面的极限曲率，延性就可以提高，反之，则延性会降低。

在不对称配筋时，可能由于受拉钢筋过多而加大受压区高度；在对称配筋时，可能由于轴压力较大而使受压区高度增加。因此，在剪力墙端部，钢筋较多而成多排布置，或当建筑高度大于 50m 时，宜在混凝土受压区配置钢箍，形成暗柱或明柱，如图 5.7（*b*）、（*c*）所示。暗柱或明柱内箍筋都要加密，不仅可以约束混凝土，提高混凝土极限应变，还可以使剪力墙具有较强的边框，阻止剪切裂缝迅速贯通全墙。即使在腹板混凝土酥裂后，端柱仍可抗弯和抗剪，结果不至于倒塌，对抗震是很有利的。

因此，对剪力墙进行延性设计，就是要做到以下几点：①控制塑性铰在某个恰当的部位出现；②在塑性铰区防止过早出现剪切破坏（即按强剪弱弯设计），并防止过早出现锚固破坏（强锚固）；③在塑性铰区改善抗弯及抗剪钢筋构造，控制斜裂缝开展，充分发挥弯曲作用下抗拉钢筋的延性作用。

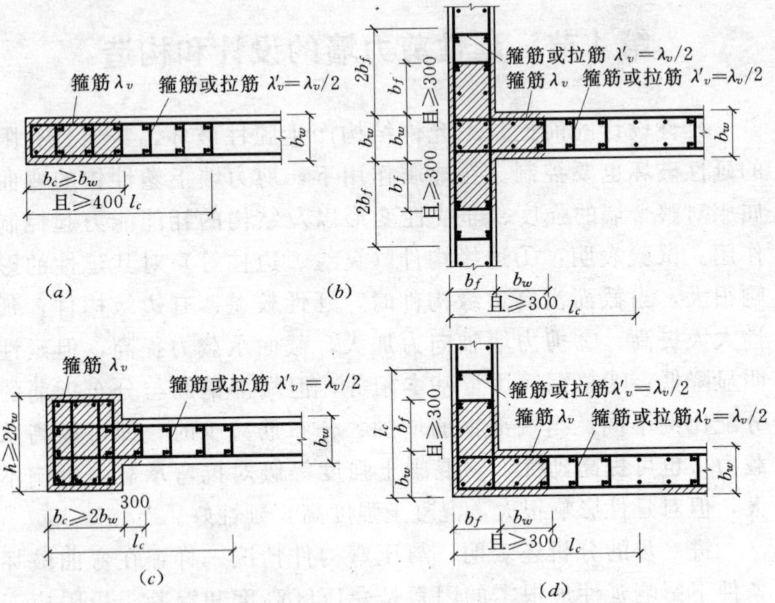

图 5.7 剪力墙的边缘约束构件

悬臂剪力墙的塑性铰通常出现在底截面。因此，剪力墙 h_w 高度范围内（h_w 为截面高度）是塑性铰区，称为底部加强区。同时，加强范围还不宜小于 $H/8$（H 为剪力墙总高度），也不应小于底层层高。当剪力墙的墙高超过 150m 时，其底部加强部位的范围可取墙总高度的 1/10。

4.1 剪力墙的轴压比

控制剪力墙的轴压比，是为了控制剪力墙中的轴向力，从而保证混凝土的受压区不至于过大，使剪力墙在底部加强区的塑性铰有足够的转动能力，增加结构的延性。

《高层建筑混凝土结构技术规程》规定，一、二级抗震剪力墙底部加强部位，其重力荷载代表值作用下墙肢轴压比不宜超过表 5.2 的限值。

表 5.2 剪力墙最大平均轴压比

轴压比	9 度	8 度一级	8 度二级
$\dfrac{N}{f_cA_w}$	0.4	0.5	0.6

非抗震设计的剪力墙以及上述抗震设计的剪力墙墙段或墙肢中，底部加强部位最大平均轴压比不超过表 5.2 所列值时，按构造要求设置剪力墙边缘构件。

4.2　边缘约束构件

剪力墙的边缘构件分为约束边缘构件和构造边缘构件两类。约束边缘构件是指用箍筋约束的暗柱、端柱或翼墙，其混凝土用箍筋约束，有比较大的变形能力，构造约束边缘构件对混凝土约束较差。

约束边缘构件的设计应符合下列要求：

一、二级抗震设计的剪力墙底部加强部位及其上一层的墙肢端部应设置约束边缘构件。约束边缘构件沿墙肢长度 l_c 和边缘构件箍筋含箍特征值 λ_v 宜符合表 5.3 的要求，且一、二级抗震设计时箍筋直径不应小于 8mm、箍筋间距分别不应小于 100mm 和 150mm。箍筋的配筋范围见图 5.7，其体积配箍率 ρ_v 应按下式计算：

$$\rho_v = \lambda_v \frac{f_c}{f_{yv}} \tag{5.28}$$

式中：f_c、f_{yv} 分别为混凝土轴心抗压强度设计值和箍筋的抗拉强度设计值。

约束边缘构件的纵向钢筋配筋率的配筋范围不应小于图 5.7 中的阴影部分面积，一、二级抗震设计时分别不应小于图中阴影面积的 1.2%和 1.0%，并分别不应小于 6ϕ16 和 6ϕ14。表 5.3 中，h_w 为剪力墙墙肢的长度。需要说明的是约束边缘构件沿墙肢方向的长度 l_c 不应小于表中数值、1.5 b_w 和 450mm 三者的较大值。

表 5.3　　约束边缘构件范围 l_c 及其含箍特征值 λ_v

项　目	一级（9度）	一级（7、8度）	二级
λ_v	0.20	0.20	0.20
l_c（暗柱）	0.25 h_w	0.20 h_w	0.20 h_w
l_c（翼墙或端柱）	0.20 h_w	0.15 h_w	0.15 h_w

三、四级抗震设计和非抗震设计的剪力墙以及一、二级抗震设计的剪力墙除设置约束边缘构件的部位，应在墙肢端部设置构造边缘。构造边缘构件宜符合下列要求：

(1) 构造边缘构件的范围和计算纵向钢筋用量的截面积 A_c 宜取图 5.8 中的阴影部分。

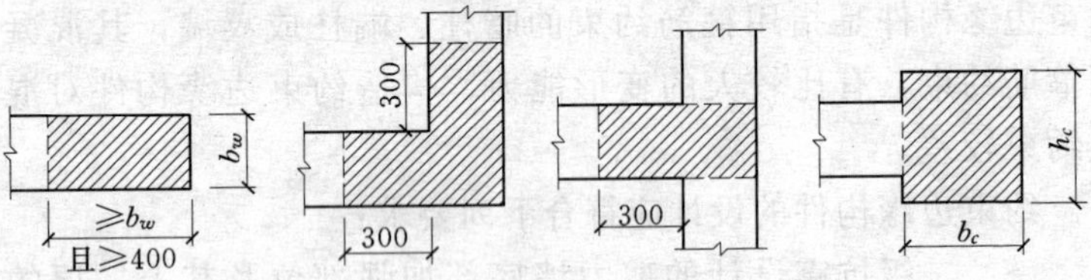

图 5.8 剪力墙的构造边缘构件

(2) 构造边缘构件的纵向钢筋应满足受弯承载力的要求。

(3) 抗震设计时，构造边缘构件的最小配筋应符合表 5.4 的规定，箍筋的无支长度不应大于 300mm，拉筋的水平间距不应大于纵向钢筋间距的 2 倍。当剪力墙端部为端柱时，端柱中纵向钢筋及箍筋宜按框架柱的构造要求配置。

表 5.4 剪力墙边缘构件的配筋构造

<table>
<tr><th colspan="2" rowspan="3">抗震等级</th><th colspan="3">底部加强部位</th><th colspan="3">其他部位</th></tr>
<tr><th rowspan="2">纵向钢筋最小量
(取较大值)</th><th colspan="2">箍筋</th><th rowspan="2">纵向钢筋最小量
(取较大值)</th><th colspan="2">箍筋或拉筋</th></tr>
<tr><th>最小直径
(mm)</th><th>最大间距
(mm)</th><th>最小直径
(mm)</th><th>最大间距
(mm)</th></tr>
<tr><td rowspan="4">抗震</td><td>一级</td><td>—</td><td>—</td><td>—</td><td>$0.008A_c$，$6\phi14$</td><td>8</td><td>150</td></tr>
<tr><td>二级</td><td>—</td><td>—</td><td>—</td><td>$0.006A_c$，$4\phi12$</td><td>8</td><td>150</td></tr>
<tr><td>三级</td><td>$0.005A_c$，$4\phi12$</td><td>6</td><td>150</td><td>$0.004A_c$，$4\phi12$</td><td>6</td><td>200</td></tr>
<tr><td>四级</td><td>$0.005A_c$，$4\phi12$</td><td>6</td><td>150</td><td>$0.004A_c$，$4\phi12$</td><td>6</td><td>250</td></tr>
</table>

注 符号 ϕ 表示钢筋直径；对转角墙的暗柱，表中拉筋宜采用箍筋。

(4) 对于复杂的高层建筑结构、混合结构、框架-剪力墙结构、筒体结构以及 B 级高度的剪力墙结构中的剪力墙（筒体），其构造边缘构件应符合下列要求：①箍筋的配筋范围宜取图 5.8 中的阴影部分，其配箍特征值 λ_v 不宜小于 0.1；②纵向钢筋的最小配筋应满足表 5.5 的要求。

表 5.5　　复杂高层结构、混合结构、框-剪、筒体和 B 级高度剪力墙（筒）边缘构件的配筋构造

抗震等级		底部加强部位			其他部位		
		纵向钢筋最小量（取较大值）	箍筋		纵向钢筋最小量（取较大值）	箍筋或拉筋	
			最小直径（mm）	最大间距（mm）		最小直径（mm）	最大间距（mm）
抗震	一级	—	—	—	0.010A_c，6ϕ14	8	150
抗震	二级	—	—	—	0.008A_c，4ϕ12	8	150
抗震	三级	0.005A_c，4ϕ12	6	150	0.005A_c，4ϕ12	6	200

非抗震设计时，剪力墙端部应按构造配置不少于 4 根 12mm 的纵向钢筋，沿纵向钢筋应配置不少于直径为 6mm、间距为 250mm 的拉筋。

第 5 节　开洞剪力墙的设计和构造

5.1　开洞剪力墙的破坏形态和设计要求

本节所述的开洞剪力墙是指开有较大规则洞口的联肢剪力墙或短肢剪力墙。如前所述，开洞剪力墙在水平荷载作用下的破坏形态与开洞的大小、连梁相对于墙肢的刚度及承载力等密切相关。试验证实[5]，当连梁的刚度及抗弯承载力远远小于墙肢的刚度和抗弯承载力，且连梁具有足够的延性时，在水平荷载作用下，塑性铰会首先在中间某层的连梁端部出现，并随荷载的增加，其他层连梁端部相继屈服形成塑性铰，最后墙肢底部纵向钢筋屈服，混凝土压碎而形成塑性铰，出现图 5.9 (a) 所示的破坏机构。[4]这种破坏机构由于数量众多的连梁端部塑性

铰在形成过程中可以吸收地震能量，又能继续传递弯矩与剪力，对墙肢形成的约束弯矩使剪力墙保持足够的刚度与承载力，墙肢底部的塑性铰亦为弯曲破坏所至，因而具有很好的延性。同时，在连梁塑性铰形成的过程中，由于内力的重分布，可以充分发挥材料的非线性性能，所以，这样的开洞剪力墙耗能能力与延性最好。

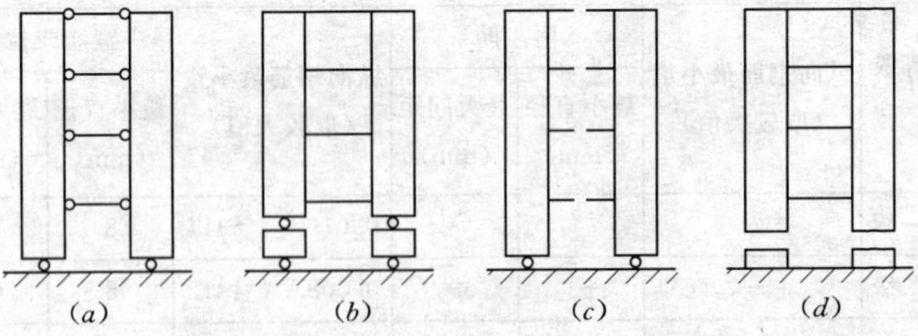

图 5.9 开洞剪力墙的破坏机构

若连梁的刚度及承载力很大，连梁不会屈服，这时开洞墙与整体悬臂墙类似，要靠底层出现塑性铰，来耗散外部的能量输入，然后才能破坏，见图 5.9（*b*）。若这种情况下，剪力墙的跨高比较大（一般不小于 2）且具有足够的抗剪能力，此时，墙肢的破坏仍然属于有延性的弯曲破坏，但是与图 5.9（*a*）的破坏机构相比，耗能集中在底层少数几个铰上，这样的破坏机构耗能能力及延性不如第一种破坏机构的好。

当连梁的抗剪承载力很小、首先剪切破坏时，会使墙肢失去约束而形成单独墙肢，见图 5.9（*c*）。与连梁不破坏的墙相比，墙肢中轴力减小弯矩加大，墙的侧向刚度大大降低。但是，如果能保持墙肢处于良好工作状态，那么结构仍可继续承载，直到墙肢截面屈服才会形成机构。只要墙肢塑性铰具有延性，这种破坏也是属于延性的弯曲破坏。

如果连梁相对于墙肢强度和刚度都很大，连梁不破坏，在水平荷载下会在墙肢内引起很大的轴力，造成两个墙肢轴力相差悬殊，在受拉墙肢出现水平裂缝屈服以后，塑性内力重分配的结果会使受压墙肢担负大部分剪力。如果设计时未充分考虑这一因素，将会造成该墙肢过早剪坏，而出现墙肢的滑移剪切破坏机构，见图5.9（*d*）。这种破坏机构的耗能能力和延性都比较差，设计中应予以避免。

可见，在开洞剪力墙的设计中，应仔细选择连梁、墙肢的刚度和强度，按照“强肢弱梁”原则设计开洞剪力墙，按照“强剪弱弯”要求设计墙肢及连梁构件，可以得到较为理想的延性剪力墙结构。只要能合理选择整体性系数、肢强系数、连梁以及墙肢的配筋率，就能设计出具有良好耗能能力和延性的剪力墙，[7]应该说这种墙比不开洞的悬臂墙具有更好的力学性能和经济性能。

5.2　连梁截面设计和构造

5.2.1　连梁受力与变形特点

剪力墙中的连梁通常跨度较小而梁高较大，在住宅、旅馆等建筑中采用剪力墙结构时，连梁跨度高度比可能小于2.5，有时接近1。这种连梁的受力性能与一般垂直荷载下的深梁不同（竖向荷载产生的弯矩与剪力不大），在水平荷载下它与墙肢相互作用产生的约束弯矩与剪力较大，约束弯矩和剪力在梁两端方向相反。这种反弯作用使梁产生很大剪切变形，对剪应力十分敏感，容易出现斜裂缝。特别在反复荷载作用下易形成交叉裂缝，使混凝土酥裂，导致剪切破坏，延性较差。因此，有地震作用时，连梁抗剪承载力降低，其中跨高比小于2.5的梁抗剪承载力更低。

根据文献［52～54］对国内外试验的112根钢筋混凝土连梁的试验结果的分析，主要有四种典型的破坏形态，即斜拉破坏或斜压破坏，剪切-滑移破坏或弯剪破坏。

（1）斜拉破坏。当混凝土强度低，纵向钢筋配筋率较大，箍筋较小时，斜裂缝发生后，在连接梁两端受压区的对角线附近形成一条主要斜裂缝，箍筋应力迅速增长达到屈服点，斜对角裂缝展开很快，沿对角裂缝发生突然错动，梁即破坏。这时，主筋并未屈服，受压区混凝土基本完好。

（2）斜压破坏。当梁的纵向钢筋和箍筋配置较多，弯曲裂缝和斜裂缝形成后，将梁分割成许多倾斜的混凝土压杆，传递主压应力。当荷载加到一定程度时，梁的比较薄弱的一端混凝土突然压酥脱落，酥碎段长约 $l/3$。这时，纵筋和箍筋均未屈服，但梁已丧失承载力。

（3）剪切-滑移破坏。当箍筋抗剪强度较纵向钢筋抗弯能力大得多，纵向钢筋受拉屈服后，斜裂缝未充分发展，但端部最早出现的竖向裂缝不断延伸、加宽、受压区缩小，在反复荷载下受压区混凝土不断酥碎剥落，最后当水平纵筋的销栓作用已不能抵抗截面剪力时，沿某一端的竖向裂缝发生剪切-滑移破坏，这时箍筋未屈服。

（4）弯剪破坏。当箍筋和纵向钢筋配置比例适当时，随荷载的增加，弯曲裂缝及弯剪裂缝逐渐向梁端受压区延伸，使剪压区不断缩小，同时伴随有新的裂缝产生。最后，剪压区混凝土在复合应力作用下达到强度而被剪压碎。这种梁，受拉纵向钢筋先屈服，最后部分箍筋也达到屈服。

连梁的次要破坏形态还包括弯曲斜拉、弯曲斜压破坏等，其主要破坏特征与上述大同小异，可归入上述类型，在此不予赘述。

上述四种典型的破坏形态，都带脆性性质，其中斜拉和斜压破坏延性很差，对于剪切-滑移和弯剪型破坏，延性略有改善，但提高有限。根据文献［2］的试验，普通连梁的实测延性系数不大于 4，据清华大学 15 根普通连梁实测资料[2]，其纵向受拉钢筋均达到屈服应变，但梁端相对位移延性系数大于 4 的仅有 4 根，其余连梁延性系数都较小。

上述破坏形态是针对跨高比较小的连梁。当跨高大于 2.5 时，连梁的破坏形态以弯曲破坏为主，当跨高比大于 5 时，连梁的力学性能如同框架梁。因此，对跨高比大于 5 的连梁，其设计方法与框架梁相同。

5.2.2　连梁截面配筋计算

1. 抗弯承载力验算

连梁通常都是采用对称配筋（$A_s = A_s'$），可按双筋截面验算。由于受压区很小，通常采用下面的简化公式：

$$M \leqslant f_y A_s (h_{b0} - a') \tag{5.29}$$

式中：A_s 为纵向受拉钢筋面积；h_{b0} 为连梁截面的有效高度；a' 为纵向受压钢筋合力点至截面近边的距离。

2. 抗剪承载力验算

连梁的抗剪承载力按下列公式进行验算：

无地震作用组合时，有

$$V_b \leqslant 0.7 f_t b_b h_{b0} + f_{yv} \frac{A_{sw}}{s} h_{b0} \tag{5.30a}$$

有地震作用组合，跨高比大于 2.5 时，有

$$V_b \leqslant \frac{1}{\gamma_{RE}} \left(0.42 f_t b_b h_{b0} + f_{yv} \frac{A_{sv}}{s} h_{b0} \right) \tag{5.30b}$$

有地震作用组合，跨高比不大于 2.5 时，有

$$V_b \leqslant \frac{1}{\gamma_{RE}} \left(0.38 f_t b_b h_{b0} + 0.9 f_{yv} \frac{A_{sv}}{s} h_{b0} \right) \tag{5.30c}$$

同时，为了不使斜裂缝过早出现，或混凝土过早破坏，连梁截面尺寸应符合下列要求：

无地震作用组合时，有

$$V_b \leqslant 0.25 \beta_c f_c b_b h_{b0} \tag{5.31a}$$

有地震作用组合，跨高比大于 2.5 时，有

$$V_b \leqslant \frac{1}{\gamma_{RE}} (0.20 \beta_c f_c b_b h_{b0}) \tag{5.31b}$$

有地震作用组合，跨高比不大于 2.5 时，有

$$V_b \leqslant \frac{1}{\gamma_{RE}} (0.15 \beta_c f_c b_b h_{b0}) \tag{5.31c}$$

式中：V_b 为连梁的剪力设计值；b_b 为连梁截面的宽度；h_{b0} 为连梁截面的有效高度；β_c 为混凝土强度影响系数；f_t 为混凝土轴心抗拉强度设计值。

3. 连梁剪力设计值的计算

连梁的剪力设计值 V_b 按以下规定计算：

(1) 无地震作用组合以及有地震作用组合的四级抗震等级时，应取考虑水平风荷载或水平地震作用组合的剪力设计值。

(2) 有地震作用组合的一、二、三级抗震等级时，连梁的剪力设计值应按下式调整：

$$V = \eta_{vb} \frac{M_b^l + M_b^r}{l_n} + V_{Gb} \tag{5.32}$$

(3) 9 度抗震设计时尚应符合下式：

$$V_b = 1.1(M_{bua}^l + M_{bua}^r)/l_n + V_{Gb} \tag{5.33}$$

式中：M_b^l、M_b^r 分别为梁左、右端顺时针或逆时针方向考虑地震作用组合的弯矩设计值，对一级抗震等级且两端均为负弯矩时，绝对值较小一端的弯矩应取零；M_{bua}^l、M_{bua}^r 分别为梁左、右端顺时针或逆时针方向实配钢筋的受弯承载力所对应的弯矩值，应按实配钢筋面积（计入受压钢筋）和材料强度标准值并考虑承载力抗震调整系数计算；l_n 为连梁的净跨；V_{Gb} 为在重力荷载代表值（9 度时还应包括竖向地震作用标准值）作用下，按简支梁计算的梁端截面剪力设计值；η_{vb} 为连梁剪力增大系数，一级取 1.3，二级取 1.2，三级取 1.1。

5.2.3 连梁的配筋构造

连梁配筋（见图 5.10）应满足下列要求：

(1) 连梁顶面、底面纵向受力钢筋伸入墙内的锚固长度，抗震设计时不应小于 l_{aE}，非抗震设计时不应小于 l_a，且不应小于 600mm。

(2) 抗震设计时，沿连梁全长箍筋的构造应符合表 5.6 的要求；非抗震设计时，沿连梁全长的箍筋直径不应小于 6mm，间距不应大于 150mm。

(3) 顶层连梁纵向钢筋伸入墙体的长度范围内，应配置间距不小于 150mm 的构造箍筋，箍筋直径应与该连梁的箍筋直径相同。

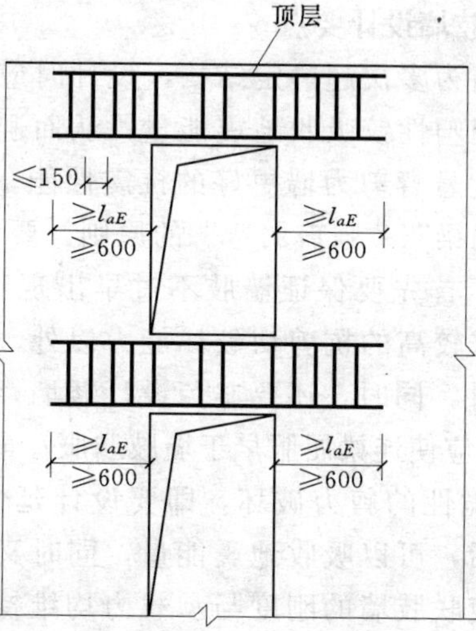

图 5.10　连梁配筋构造

（非抗震设计时图中 l_{aE} 应取 l_a）

（4）墙体水平分布钢筋应作为连梁的腰筋在连梁范围内拉通连续配置。当连梁截面高度大于 700mm 时，其两侧面沿梁高范围设置的纵向构造钢筋（腰筋）的直径不应小于 10mm，间距不应大于 200mm。对跨高比不小于 2.5 的连梁，梁两侧的纵向构造钢筋（腰筋）的面积配筋率不应小于 0.3%。

表 5.6　梁端箍筋加密区的长度、箍筋最大间距和最小直径

抗震等级	加密区长度（取较大值）(mm)	箍筋最大间距（取最小值）(mm)	箍筋最小直径 (mm)
一	$2.0h_b$，500	$h_b/4$，$6d$，100	10
二	$1.5h_b$，500	$h_b/4$，$8d$，100	8
三	$1.5h_b$，500	$h_b/4$，$8d$，150	8
四	$1.5h_b$，500	$h_b/4$，$8d$，150	6

5.2.4 延性联肢墙设计要点

联肢剪力墙为多次超静定结构，设计时应使联肢剪力墙的连梁上首先出现塑性铰吸收地震能量，从而避免墙肢的严重破坏，它会具有比悬臂剪力墙更好的抗震性能。为此，在设计中应遵循“强肢弱梁”、“强剪弱弯”的原则。要设计“强肢弱梁”的联肢剪力墙，首先要保证墙肢不过早出现脆性的剪切破坏，除使剪力墙具有较高的抗剪切破坏能力以外，还要按照前述要求设置边缘构件，同时，还要避免设计矮墙，应使墙肢的高宽比大于 2；其次应使连梁屈服早于墙肢屈服；最后尽可能避免连梁中过早出现脆性的剪力破坏，即要设计延性的连梁。这样，当连梁屈服以后，可以吸收地震能量，同时又能继续起到约束墙肢的作用，使联肢墙的刚度与承载力均维持在一定水平。如果部分连梁剪坏或全部剪坏，则墙肢间约束将削弱或全部消失，使联肢墙蜕化为两个或多个独立墙肢，结构的刚度会大大降低，承载力也将随之降低。

在延性联肢墙中，延性连梁的设计是主要矛盾。但防止墙肢过早破坏，设计延性墙肢则是保证整栋结构安全抗震的关键。

为了使连梁首先屈服，可以对连梁中的弯矩进行调整，降低连梁弯矩，按降低后弯矩进行配筋，可以使连梁抗弯承载力降低，从而使连梁较早出现塑性铰，又降低了梁中的平均剪应力，可以改善其延性。降低连梁弯矩可以通过以下方法进行：

(1) 在进行弹性内力分析时适当降低连梁刚度。例如在联肢墙中，取 $l = l_0 + h_b/2$ 作为连梁的计算跨度，这样可以降低连梁的线刚度，减少弯矩在连梁中的分配，也可以直接采用连梁的开裂刚度等。这种方法与一般弹性计算方法并无区别，且可自动调整墙肢内力（增大），比较简单。

(2) 用弹性分析所得的内力进行内力调幅，按调幅以后的弯矩设计连梁配筋。一般是将中部弯矩最大的一些连梁的弯矩调小，调幅（比弹性计算降低）大约在20%以内。中部连梁的弯矩设计值减低以后，其余部位的连梁和墙肢弯矩设计值应当相应的提高，以维持静力平衡。

无论哪一种方法，如果与弹性内力相比，连梁端部弯矩降低得越多，它就愈早出现塑性铰，塑性转动也会愈大，对连梁的延性要求就愈高。所以，应当限制连梁的调幅值，同时注意应使这些连梁抵抗正常使用荷载和风荷载下的内力，钢筋不能在这些内力下屈服。要使连梁具有延性，还要按照“强剪弱弯”的构件设计要求，使连梁的剪力设计值等于或大于连梁的抗弯极限状态相应的剪力，见本章5.2.2节。

第6节 其他设计措施

6.1 交叉配筋的连梁

在连梁中采用交叉配筋方式可以大大改善连梁的延性（见图5.11）。试验研究[24]表明，斜交叉配筋梁的滞回线丰满、稳定，吸收能量性能好，延性大。不仅连梁本身性能得到改善，对具有斜交叉配筋连梁的双肢墙滞回性能也较好。

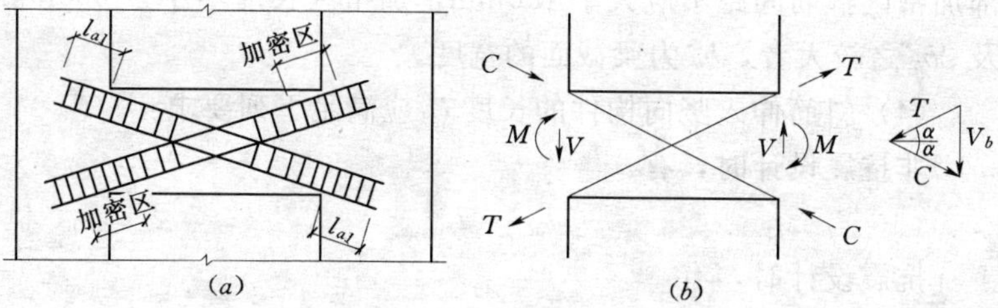

图5.11 交叉配筋的连梁
(a) 交差配筋；(b) 受力简图

在斜交叉配筋的梁中，剪力和弯矩的传递是通过斜筋的拉力和压力实现的，它对混凝土的依赖较小，只要斜筋压曲、锚固不失效，它就可以继续承载，对墙肢仍然有约束作用。

钢筋的内力可以由图 5.11（b）表示的力平衡关系求得

$$T = C = \frac{V_b}{2\sin\alpha}$$

$$M_b = T\cos\beta(h_{b0} - a)$$

可以由 T、C 求得所需钢筋面积。

采用交叉配筋的连梁应符合下列要求：

（1）梁截面宽度不宜小于 300mm。

（2）全部剪力由暗柱承担。每根交叉暗柱由 4 根纵向钢筋组成，纵向钢筋的直径不宜小于 14mm，其总面积应满足下列要求：

无地震作用组合时，有

$$A_s \geqslant \frac{V_b}{2f_y\sin\alpha}$$

有地震作用组合时，有

$$A_s \geqslant \frac{\gamma_{RE}V_b}{2f_y\sin\alpha}$$

式中：V_b 为连梁的设计剪力；α 为斜筋的倾角。

（3）两个方向的斜筋均应用矩形箍筋或螺旋筋绑扎成小柱，箍筋直径不应小于 8mm，箍筋间距不应大于 200mm 及 $b_b/2$；端部加密区箍筋间距不应大于 100mm，加密区长度不小于 600mm 及 $2b_b$ 之较大者，b_b 为梁截面的宽度。

（4）斜筋伸入竖向构件的长度 l_{a1} 应满足下列要求：

非抗震设计时，有

$$l_{a1} = l_a$$

抗震设计时，有

$$l_{a1} = 1.5l_a$$

式中：l_a 为钢筋的锚固长度。

6.2 带缝槽连梁

带缝槽连梁就是在连梁中设置水平缝槽，适当削弱连梁的刚度，使其达到预期的应力状态，以达到抗震控制的目的。这一方法缘自结构抗震自适应的思想，即在结构的某些部位采取适当削弱，使其达到预期的应力状态，如出现裂缝或塑性铰以消耗能量达到抗震自适应的目的。[2]基于这种思想，我国学者提出了一种带缝槽连梁的联肢墙，[54]清华大学对沿梁全长在截面高度中间设通缝的连梁进行了试验研究，发现这种连梁虽然具有相当大的延性，但刚度和强度降低过多。[2]东南大学提出了一种新的带缝槽的延性连梁，[41]这种连梁在缝槽中设置素混凝土键。试验表明，这种连梁具有较好的延性和较大的强度和刚度。文献［42］对3榀4层连梁带缝槽的双肢剪力墙进行了拟静力试验研究，表明这种剪力墙具有良好的延性和耗能能力。为了既能使混凝土联肢墙获得较大的延性又能减少连梁的破坏，文献［39］提出了一种带摩阻控制装置的联肢剪力墙。这种剪力墙就是在连梁的跨中设置一种预应力摩擦阻尼控制装置来耗散振动时输入的能量以达到控制结构反应的目的。振动台试验的结果表明，这种剪力墙可以通过摩阻控制装置的工作来有效地控制结构的动力特性和动力反应，从而有效地推迟了剪力墙非弹性状态的出现，并大大地减轻了结构的破损程度，表现出良好的抗震性能。本节只对带缝槽的连梁作简要介绍，详细内容请读者参考有关文献。

试验表明，带缝槽连梁在水平低周反复荷载作用下的应力过程可分为以下三个阶段：

（1）第一阶段。在缝槽内素混凝土开裂前，梁的受力如同一根梁，荷载-位移关系为线性。当荷载增加到极限荷载的25%左右时，在梁的端部出现竖向裂缝。

（2）第二阶段。裂缝截面附近钢筋应变突然增大，荷载-位移关系变为非线性。约在40%极限荷载时，在两侧缝槽间的混凝土连接键中，出现几条相互平行的细短的裂缝，方向大致于梁轴线成45°。在反复荷载作用下，这些裂缝在两个方向交叉出现，将混凝土连接键分割成齿状。这时，梁的上下部分仍能通过这些缝齿的水平抗剪强度整体工作。

（3）第三阶段。随荷载的增大，纵向受拉钢筋屈服，应变增长很快。连接键中的混凝土咬合作用消失，上下部分的相互剪切变形增大，荷载达到最大值，荷载-位移关系开始下降，结构反应软化。随着荷载循环的增多，连接键中的混凝土剥落，上下两部分像两个受弯构件一样分开工作。最后，受压区混凝土压碎，梁破坏。

带缝槽的连梁的计算可按照两个单独的连梁计算，不再赘述。

参考文献

1 T. Paulay, M. J. N. Priestley. Seismic Design of Reinforced Concrete and Masonry Buildings [M]. New York: John Willey & Sons, 1992

2 丁大钧. 现代混凝土结构学 [M]. 北京: 中国建筑工业出版社, 2000

3 容柏生. 高层住宅建筑中的短肢剪力墙结构体系 [J]. 建筑结构学报, 1999, 8 (6): 14-19

4 包世华. 新编高层建筑结构 [M]. 北京: 中国水利水电出版社, 2001

5 中国建筑科学研究院建筑结构研究所. 高层建筑结构设计 [M]. 北京: 科学出版社, 1982

6 梁启智. 高层建筑结构分析与设计 [M]. 广州: 华南理工大学出版社, 1992

7 黄东升, 程文瀼, 彭飞. 短肢剪力墙的弹塑性性能研究 [J]. 东南大学学报 (自然科学版), 1999, 33 (2): 164-167

8 程文瀼, 金向前, 吴志彬. 短肢剪力墙的设计与研究 [J]. 建筑结构, 2001, 31 (7)

9 黄东升, 程文瀼, 彭飞. 短肢剪力墙的设计与研究 (二) [J]. 建筑结构, 2002, 32 (8): 24-25, 72

10 黄东升, 程文瀼, 彭飞. 短肢剪力墙的设计与研究 (三) [J]. 建筑结构, 2003, 33 (9): 10-11, 32

11 程文瀼, 康谷贻, 颜得姮. 混凝土结构 [M]. 北京: 中国建筑工业出版社, 2002

12 黄本才. 高层建筑结构计算与设计 [M]. 上海: 同济大学出版社, 1998

13 B. S. Smith, A. Coull. Tall building structures: Analysis and design [M]. New York: John & Sons, Inc., 1991

14 Beck H. Contribution to the analysis of coupled shear walls [J]. Proceedings ACI Journal, 1962, 59 (8): 1055-1070

15 Coull A, Choudhury J. R. Analysis of coupled shear walls [J]. Proceedings ACI Journal, 1967, 64 (9): 587-593

16 Chitty, L.. On the cantilever composed of a series of parallel beams interconnected by cross members. Philosophical magazine, London, England, 1947, 38: 685-699

17 Rosman. R. Approximate analysis of shear wall subjected to lateral loads

[J]. ACI Journal, 61 (6), 1964: 717 - 732
18 Rosman. R. Analysis of pierced torsion boxes [J]. Acta Techniac Scientiarum Hungaricae. Tomus 1969, 65 (3 - 4): 365 - 396
19 Skattum, K. S. Dynamic analysis of coupled shear wall and sandwich beams [J]. Thesis presented to the California Institute of Technology, at Pasadena, Calif., in 1971, in partial fulfillment of the requirements for the of Doctor of Philosophy
20 Tso, W. K., and Chan, H. B. Dynamic analysis of plane coupled shear walls [J]. Journal of the Engineering Mechanics Division, ASCE, Vol. 97, NO. EM1, Proc. Paper 7899, Feb., 1971: 3 - 48
21 Michael, D., Torsional coupling of core walls in tall buildings [J]. The structural engineers, 1969, (2)
22 Gluck, J. Lateral-load analysis of asymmetric multistory structures [J]. Journal of the structural division, ASCE, Vol. 96, No. ST2, Proc. Paper 7089, Feb., 1970: 313 - 333
23 Biswas, J. K., and Tso. W. k. Discussion of Lateral-load analysis of asymmetric multistory structures by Jacob Gluck [J], Journal of the structural division, ASCE, Vol. 96, No. ST11, Proc. Paper 7644, Feb., 1970: 2540 - 2544
24 R. Park, T. Paulay. Reinforced concrete structures [M]. John Wiley & Sons Inc., New York, 1975: 769
25 J. S. Kuang, C. K. Chau, Dynamic behaviour of sti. ened coupled shear walls with flexible bases [J], Computers and Structures, 1999, 73: 327 - 339
26 Chan HC, Kuang JS. E. ect of a single deep beam on twin shear walls with rational coupling [J]. Proc Inst Civil Engrs Part 2, 1988, 85: 503 - 15
27 Chan HC, Kuang JS. Elastic design charts of sti. ened coupled shear walls [J]. ASCE J Struct Engng, 1989, 115: 247 - 267
28 Choo BS, Coull A. Sti. ening of laterally loaded coupled shear walls on elastic foundation [J]. Building Environ, 1984, 19: 251 - 256
29 Coull A. Interaction of coupled shear walls with elastic foundations [J]. ACI Journar, 1971 (68): 456 - 461
30 Coull A. Sti. ening of coupled shear walls against foun-dation movement [J]. Struct Engr, 1974 (52): 23 - 26

31 Coull A，Bensmail L. Stiffened，coupled shear walls [J]. ASCE J Struct Engng，1991，117：2205－2223
32 Kuang JS，Chau CK. Free vibrations of sti. ened coupled shear walls [J]. Struct Design Tall Buildgs，1998，7：135－145
33 Li G-Q，Choo BS. Natural frequency evaluation of coupled shear walls [J]. Struct Engr，1995，73：301－304
34 Li G-Q，Choo BS. A continuous-discrete approach to the free vibration analysis of sti. ened pierced walls on exible foundations [J]. Int J Solids Struct，1996，33：249－263
35 Pekau OA，Cistera V. Behaviour of nonlinear coupled shear walls with flexible bases [J]. Can J Civ Engng，1989，16：45－54
36 张晋，吕志涛．短肢剪力墙筒体结构模型振动台试验研究 [J]. 东南大学学报（自然科学版），2001，31（6）：No. 6，4－8
37 丁永君，纪刚．短肢剪力墙结构层间极限变形能力的计算 [J]. 天津大学学报（2000），33（3）：364－366
38 程绍革，陈善阳，刘经伟．高层建筑短肢剪力墙结构振动台试验研究 [J]. 建筑科学，2000，16（1）：13－16
39 李爱群，丁大钧，曹征良．带摩阻控制装置双肢剪力墙模型的振动台试验研究 [J]. 工程力学，1995，12（3）：71－76
40 龚炳年，方鄂华．钢筋混凝土联系梁试验研究及位移全过程分析[C]．见：高层抗震设计方法讨论会论文集．广州，1987
41 曹征良．双功能钢筋混凝土连梁的试验研究 [D]．东南大学博士研究生学位论文，1987
42 张双记．钢筋混凝土双肢剪力墙结构抗震性能试验研究和钢筋混凝土结构破坏准则及破坏度模糊综合评判 [D]．东南大学博士研究生学位论文，1990
43 I. C. Armstrong. Design of shear wall for seismic resistance [J]. Building of the New Zealand National Society for Earthquake engineering，1977，10（1）
44 C. M. Allen，L. G. Jaeger，V. C. Fenton. Ductility in reinforced concrete shear walls，Response of multistory concrete structures to lateral forces [G]．Publication SP－36 ACI，Detroit
45 彭飞，黄东升，程文瀼．短肢剪力墙的研究 [C]．见：现代地震工程进展．南京：东南大学出版社，2002
46 高小旺，龚思礼，苏经宇，易方民．建筑抗震设计规范理解与应用

[M]．北京：中国建筑工业出版社，2002
47 黄东升，程文瀼，彭飞．对称双肢短肢剪力墙的低周反复荷载试验研究．建筑结构学报，2005（3）：51—56
48 高振世，朱继登，唐九如等．建筑结构抗震设计［M］．北京：中国建筑工业出版社，1997
49 程文瀼，康谷贻等．混凝土结构（下册）［M］．北京：中国建筑工业出版社，2002
50 王勖成．有限单元法基本原理与数值方法［M］．北京：清华大学出版社，1988
51 许波，刘征．MATLAB 工程数学应用［M］．北京：清华大学出版社，2000
52 曹征良，丁大钧，程文瀼．剪力墙结构自控制连梁实验研究．东南大学学报（土木工程专辑），1991（4）：45－52
53 Ding Dajun，Cao Zhengling，Zhang Shuangji. Experimental studies of new ductile coupling beams and multi-story shear walls. Materials & structures（RILEM），Nov. 1997：566－573
54 龚炳年，方鄂华．钢筋混凝土联系梁实验研究及位移全过程分析．见：高层抗震设计方法讨论会论文集，广州，1987

出版者的话

尊敬的读者：

为适应国家建设发展的需要，为及时反映有关“新标准、新规程、新规范、新理论、新技术、新材料、新工艺、新方法”，为有志于在土木工程领域传播和推广科学技术知识的人士构筑学术出版平台，为渴求知识的读者在工作实践中的学习交流和继续教育创造机会，由中国水利水电出版社和知识产权出版社与清华大学土木工程系联手，倾力推出的“简明土木工程系列专辑”中的第一批出版物正式与您见面了。

在此，我们特别感谢您对本套专辑的热切关注。

为使您对本套专辑有更多的了解，以下一并列出2006～2007年已经出版和今后即将陆续出版的图书。如果您有什么要求，有什么意见和建议，真诚地希望和欢迎您随时与我们取得联系。具体联系方式详见版权页上的E-mail地址。

再次感谢您对本套专辑的支持与厚爱！